Für den Konstruktionstisch

Leitfaden zur Anfertigung von Maschinenzeichnungen

von

Dipl.-Ing. W. Leuckert und **Dipl.-Ing. H. W. Hiller**
Ständ. Assistent an der   Magistrats-Baurat
Techn. Hochschule zu Berlin   in Berlin

Zweite, verbesserte und vermehrte Auflage

Mit 44 Abbildungen im Text
15 Normblättern und 3 Tafeln

Springer-Verlag
Berlin Heidelberg GmbH
1927

Additional material to this book can be downloaded from http://extras.springer.com

ISBN 978-3-662-40528-4   ISBN 978-3-662-41005-9 (eBook)
DOI 10.1007/ 978-3-662-41005-9

Aus dem Vorwort zur ersten Auflage.

Die Überfüllung aller technischen Lehranstalten und die damit verbundenen Schwierigkeiten der Unterrichtsführung beweisen immer aufs neue, daß die Studienarbeit einer Förderung und Unterstützung zu jeder Zeit auch außerhalb der Unterrichtsstunden bedarf. Dies ist besonders bei dem angehenden Maschinenbauer der Fall, dem an Hand von Anweisungen der Arbeitsbeginn erleichtert werden muß, um ihm die Freude an dem gesetzten Ziel zu erhalten. Dies bewog uns, in dem folgenden Buch gerade auf die Anfangsgründe ausführlich einzugehen, Richtlinien und Verhaltungsmaßregeln aufzustellen, deren Wert sich in der Praxis erwiesen hat. Wir haben dabei schon mit der Auswahl des Handwerkszeuges begonnen, um von vornherein auf das Zweckmäßigste hinzuweisen und eine Führung und Beratung des Studierenden anzubahnen. Ganz besonders aber sei darauf verwiesen, daß bei Besprechung der Darstellung und Ausführung von Maschinenzeichnungen bereits die Richtlinien des Normenausschusses der Deutschen Industrie berücksichtigt worden sind, die für die Zukunft als allein bindend und maßgebend anzusehen sind.

Somit sei dieses neue Buch, zu dessen Herausgabe unser Herr Verleger die Anregung gab, der studierenden Jugend und unsern Herrn Kollegen zur Unterstützung und Hilfe übergeben. Trotz der Ungunst der Zeiten und der ins Ungeheure gestiegenen Herstellungskosten hat es sich Herr Seydel angelegen sein lassen, auch diesem Buche wie seinen beiden Vorgängern aus unserer Feder eine würdige und gute Ausstattung zu geben.

Berlin-Wilmersdorf, im Januar 1920.

Dipl.-Ing. **Walter Leuckert.**
Dipl.-Ing. **H. W. Hiller.**

Vorwort zur zweiten Auflage.

In der vorliegenden Neuauflage sind vor allem die Fortschritte in der Normung berücksichtigt und weitgehende Ergänzungen vorgenommen worden. Die Abbildungen der ersten Auflage sind zum größten Teile unverändert übernommen, obwohl die Normung die Maßhilfslinien als Vollinien und neue Bearbeitungsangaben vorschreibt, ein Umstand, auf den besonders hingewiesen sei. Dies geschah mit Rücksicht auf billigere Herstellungskosten. Zur Verdeutlichung sind die fraglichen Abbildungen noch mit einem Stern versehen.

Für die uns zuteil gewordenen Anregungen seitens des Normenausschusses der Deutschen Industrie, der Firma Gebrüder Wichmann m. b. H. und der Verlagsbuchhandlung Julius Springer sei an dieser Stelle unser Dank gesagt.

Berlin, im März 1927.

Dipl.-Ing. **W. Leuckert.**
Mag.-Baurat Dipl.-Ing. **H. W. Hiller.**

Inhaltsverzeichnis.

Seite

I. Werkzeug und Zeichenmaterial 1
   1. Reißbrett, Schiene, Dreieck, Kurvenlineal 1
   2. Reiß- und Meßwerkzeuge 3
   3. Zeichenpapier und Aufspannung 6
   4. Bleistift, Tusche usw. 7

II. Der Zweck der Zeichnung bestimmt die Ausführung und Darstellungs-
    weise 8
   1. Angebots- und Projektzeichnungen 8
   2. Werkstattzeichnungen 10
   3. Zeichnerische Sonderdarstellungen 11

III. Die Darstellungsmethoden 14
   1. Wahl der Projektionen und ihre Anordnung 14
   2. Schnittführung und Teilprojektionen 14
   3. Übersichtliche und deutliche Darstellung 17

IV. Die Ausführung der Werkstattzeichnung 22
   1. Allgemeine Ausführungsgrundlagen 22
   2. Mittellinien und Bemaßung 25
   3. Passungen und Toleranzen 27
   4. Bearbeitungsangabe und Stückliste 28
   5. Änderungen von Werkstattzeichnungen 30
   6. Sonderwerkstattzeichnungen 31
   7. Normung und Massenherstellung 33

V. Sinnbilder 35

VI. Hand- und Entwurfskizzen 36
   1. Aufnahmeskizzen von Hand 36
   2. Entwurfskizzen und Skizzen als Werkstattzeichnungen 38

VII. Beziehung zwischen Werkstattzeichnung und Berechnung 39

VIII. Ausführung und Anfertigung von Kopien und Vervielfältigungen . . . 39
   1. Lichtpausen 39
   2. Druckverfahren 43
   3. Trockenkopierverfahren 44

IX. Zweckmäßige Registrierung und Aufbewahrung der Zeichnungen . 44

X. Anhang: Normblätter 45

I. Werkzeug und Zeichenmaterial.

1. Reißbrett, Schiene, Dreieck, Kurvenlineal.

Die Zeichnung ist die Sprache des Konstrukteurs; sie vermittelt direkt den Verkehr zwischen dem Konstruktionsbureau und der Werkstatt. Um dieser Forderung gerecht zu werden, genügt nicht allein das Durchdenken der Formgebung und Anordnung derselben in der Zeichnung durch den Konstrukteur, sondern auch die klare, exakte Formdarstellung und peinlich saubere Ausführung ist ein wichtiges Mittel zum Zweck. Wie jeder Handwerker muß der Konstrukteur über gutes, einwandfreies und genau arbeitendes Handwerkszeug verfügen, über dessen Prüfung, Instandhaltung und Anwendung zunächst Aufklärung gegeben werden soll.

Abb. 1.

Das Zeichenpapier wird auf ein Reißbrett, dessen linke Kante zur Führung der Reißschiene dient, aufgespannt. Das Material des Brettes ist festes, weiches, vollkommen ausgetrocknetes Linden-, Pappel- oder Ahornholz, da es sich sonst verzieht und damit wieder das Papier ungünstig beeinflußt. Aus diesem Grunde bevorzugen viele Konstrukteure alte Reißbretter, wenn deren Kanten aber völlig unbeschädigt und unbestoßen sind, um an jeder Stelle genaue Horizontalen erzielen zu können. Die Platte muß völlig eben sein und aus astfreiem Holze ohne verkittete Fugen und Löcher bestehen. Alte Reißbretter müssen unter Umständen nachgerichtet und die Platte abgehobelt werden, um geringfügigere Löcher zu beseitigen; Abbrechen von Zirkelspitzen und Eindrücken des Zeichenpapiers sind sonst die unausbleiblichen, unangenehmen Folgen. Die Benutzung von Reißbrettern, die zwei Arbeitsflächen bieten, kann nicht empfohlen werden; denn erstens ist stets die eine Zeichnung gefährdet, zweitens muß der Konstrukteur dauernd seinen ganzen Entwurf übersehen können. Die Anwendung mehrerer Bretter bei großen Entwürfen ist aus diesem Grunde zweckentsprechender. Gemäß den jetzt genormten Blattgrößen nach DIN 823, s. Anhang S. 45, genügen 2 Bretter, eine Beschränkung, die dem Kostenaufwande zugute kommt.

Die Anschaffung von Zeichentischen (Abb. 1) ist zu empfehlen, weil dabei das ungesunde, gebückte Liegen über dem Konstruktionstisch und damit ein Eindrücken der Brust vermieden wird. Hier haben sich besonders Ständer bewährt, an denen der Konstrukteur im Stehen wie auch im Sitzen arbeiten kann, so daß der bearbeitete Gegenstand immer in Augenhöhe steht. Eine ausziehbare Lade ergibt einen genügend großen Tisch für die rechnerischen und schriftlichen Arbeiten. Mit derartigen Zeichenständern (Abb. 1) sind meist Reißbretter mit Parallelführungen verbunden, von denen die verschiedensten Systeme gebräuchlich (Abb. 2) und im Handel vertreten sind. Ein wesentlicher Vorteil der Zeichenständer beruht ferner in der Beleuchtung der Zeichenfläche, die bei seitlich eintretendem Licht besser als die des auf dem Tische liegenden Brettes ist. Viele dieser Zeichenständer sind gleich mit den entsprechenden Beleuchtungsquellen in zweckmäßiger Weise und Stärke ausgerüstet.

Abb. 2.

Die Behandlung der Reißbretter muß eine Beschädigung besonders der Führungskante links ausschließen; windschief gewordene Bretter müssen nachgerichtet und abgehobelt werden.

Reißschienen (Abb. 3) bestehen meist aus Mahagoni- oder Birnbaumholz mit einem Stoß aus hartem Eben- oder Ahornholz, das gegen äußere Einflüsse sehr widerstandsfähig ist. An beiden Enden des Brettes angelegt, muß die Schiene genau parallele Linien ergeben, widrigenfalls die Zunge nachgerichtet werden muß. Die Zunge muß also genau senkrecht zum Kopfe stehen, während die Führung desselben vollkommen eben sein muß, wenn die Schiene am Brett nicht „schlagen" soll. Die Zunge ist meist aufgeleimt und mit dem Kopfe verschraubt, was einer Einlassung gegenüber den Vorteil hat, daß sich die Dreiecke besser und leichter führen lassen und mit der Zunge eine ebene Fläche bilden. Vorsichtige Behandlung der Reißschienen ist eine wichtige Vorbedingung für genaues Arbeiten; ein Hinfallen ist unter allen Umständen zu vermeiden, da diese dabei meistens zu Bruch geht, mindestens aber ungenau wird.

Die Dreiecke (Abb. 4) werden aus demselben Holz hergestellt wie die Schienen und mit Stoßkanten aus Ahorn- oder Ebenholz versehen; daneben sind aber auch Hartgummi, Zelluloid und Metall (Messing) gebräuchliche Werkstoffe. Metalldreiecke haben jedoch die Eigenschaft, beim Verschieben auf dem Papier Spuren zu hinterlassen, deren gänzliche Beseitigung selten gelingt. Ihre Anwendung verspricht daher keinen besonderen Vorteil. Es empfiehlt sich, stets mehrere Dreiecke verschiedener Größe und

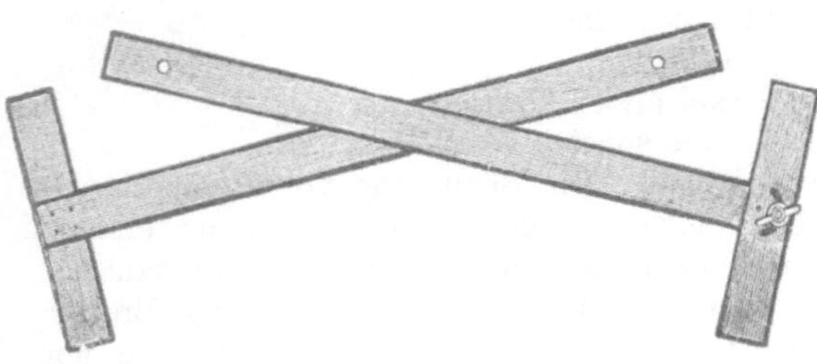

Abb. 3.

Abb. 4.

verschiedener Winkel (45 und 60°) bei der Hand zu haben, je nach Art und Größe der anzufertigenden Zeichnung. Übliche Kathetenlängen für rechtwinklig-gleichschenklige Dreiecke sind 300—350 mm, und für den 60°-Winkel 350—450 mm für die größere Kathete und 200—250 mm für die kleinere Kathete. Von großer Wichtigkeit ist die Prüfung des rechten Winkels vor Benutzung der Dreiecke, indem man sie erst mit der einen Kathete an die Schiene legt und an der anderen einen feinen Strich zieht; die darauffolgende Anlegung der zweiten Kathete muß ein genaues Übereinstimmen der ersten mit der gezogenen Linie ergeben. Bei Neuanschaffung von Winkeln ist auf dichte Verleimung der Winkelfugen zu achten; ist das nicht der Fall oder die Winkelfuge durch Herunterfallen gesprungen, so ist das Dreieck ungenau, daher unbrauchbar.

Verschmutzte Schienen und Dreiecke werden mit sandfreiem Schwamme, um die Politur nicht zu verletzen, und etwas Seife leicht unter Anwendung von wenig Wasser abgewaschen und sofort abgetrocknet. Gänzliches Trocknen wird in staubfreier Luft ohne Ausnutzung einer besonderen Wärmequelle erreicht. Weniger fest haftender Schmutz kann mit einem weichen Radiergummi, einem Stück Zeichenpapier oder Weißbrotrinde durch Abreiben entfernt werden. Die Aufbewahrung von Schienen, Winkeln und Kurvenlinealen erfolgt hängend an einem Nagel fern von strahlenden Wärmequellen oder Feuchtigkeit.

Kurvenlineale (Abb. 5) wird der Konstrukteur nur selten benutzen, da im Maschinenbau im Gegensatz zur graphischen Darstellung fast ausschließlich Kreisbögen zur Anwendung kommen. Die hauptsächlichsten Kurven, Ellipse, Parabel und Hyperbel, sind meist in einem Lineal vereinigt. Für häufig wiederkehrende Kurven sind Schablonen von Bedeutung, z. B. Eisenbahn- und Schiffskurven (Abb. 5), ebenso elastische Stäbe, Straacklatten, die an die Kurve angelegt werden und durch eigens dazu hergerichtete Gewichte gehalten werden (Abb. 6). Diese sind satzweise mit allem Zubehör im Handel käuflich. Die Anfertigung von Blechschablonen ist nicht schwierig und kann von jedem selbst unternommen werden.

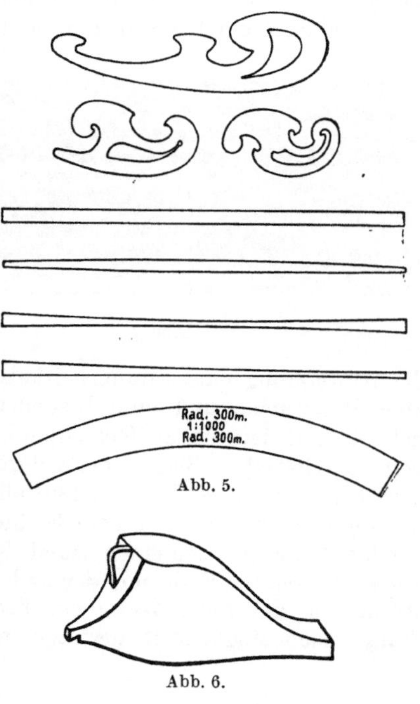

Abb. 5.

Abb. 6.

2. Reiß- und Meßwerkzeuge.

Das Reißzeug ist eines der wichtigsten Handwerkszeuge des Konstrukteurs (Abb. 7); seine gute und einwandfreie Beschaffenheit ist wichtige Vorbedingung für genaues und sauberes Arbeiten. Bei Neuanschaffung ist der Rat eines älteren Fachkollegen nicht zu verachten und selbst größerer Kostenaufwand nicht zu scheuen, nur um in den Besitz eines guten Gerätes zu kommen. Als unbedingt notwendige Instrumente muß ein Reißzeug die folgenden enthalten:

1. einen Stechzirkel,
2. einen Einsatzzirkel für Nadel-, Bleistift und Ziehfedereinsatz,
3. ein Verlängerungsstück dazu,
4. zwei Ziehfedern für grobe und feinere Linien,
5. einen Nullenzirkel,
6. einen Zirkelschlüssel,
7. einen verstellbaren Teilzirkel.

Alle Zirkel müssen gute, runde und feine Spitzen von gleicher Länge haben, leicht gängig sein, aber auch mit Sicherheit hemmen. Die Nadelspitze muß senkrecht zur Papierfläche einstellbar sein und einen Ansatzrand besitzen, um große und tiefe Einsatzlöcher, die das genaue Schlagen vieler Kreise um einen Punkt sehr erschweren, zu vermeiden. Durchsichtige Zentrier- oder Metallplatten mit eingekörntem Mittelpunkte und feiner Spitze, den Reißstiften sehr ähnlich aussehend, erreichen zwar auch diesen Zweck, rauben aber beim Einsetzen stets Zeit. Einsatzzirkel sollen zwei bewegliche Kniee haben, um ein senkrechtes Einstellen der Spitzen zur Papierfläche und damit ein genaues Zeichnen zu ermöglichen. Das Verlängerungsstück dient in Verbindung mit dem Einsatzzirkel zum Schlagen großer Kreise; ein Knie in ihm ist unbedingt notwendig. Als Füllung für den Bleieinsatz wird am häufigsten Blei von der Härte 4 gewählt, was weder zu hart ist, noch bei guter Anspitzung zu starke Linien ergibt. Der Teilzirkel besitzt eine feine Einstellschraube und ist bei der Ausmittelung von Teilungen und Abwicklungen von großem Werte. Für das Schlagen ganz großer Kreise reicht oft selbst der Zirkel mit Einsatzstück nicht aus, so daß

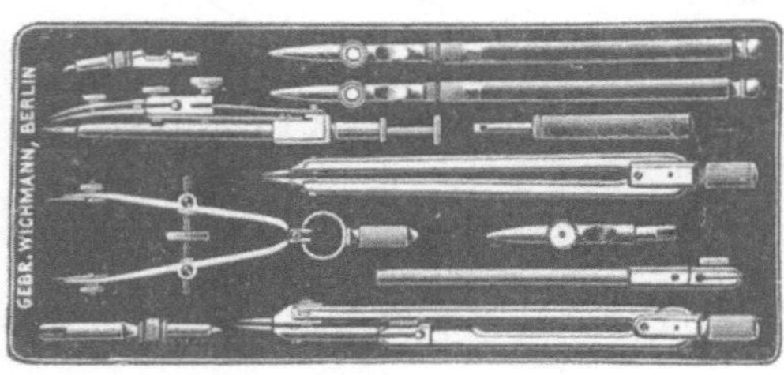

Abb. 7

die Anwendung eines Stangenzirkels (Abb. 8) notwendig wird. Dieser fehlt in allen Reißzeugen und muß besonders angeschafft werden. Bei seiner Unhandlichkeit und dem hohen Kostenpunkt erfreut er sich nicht allzu großer Beliebtheit; ein behelfsmäßiger Ersatz durch Einklemmen der Zirkeleinsätze zwischen zwei Holzstangen ist leicht herzustellen und erfüllt denselben Zweck. Die Handhabung bewerkstelligt man am leichtesten dadurch, daß man den Zirkel am zeichnenden Ende mit der einen Hand führt und am zentrierenden Ende mit der andern Hand stützt, um auf diese Weise ein Federn der Stange nach Möglichkeit auszuschalten.

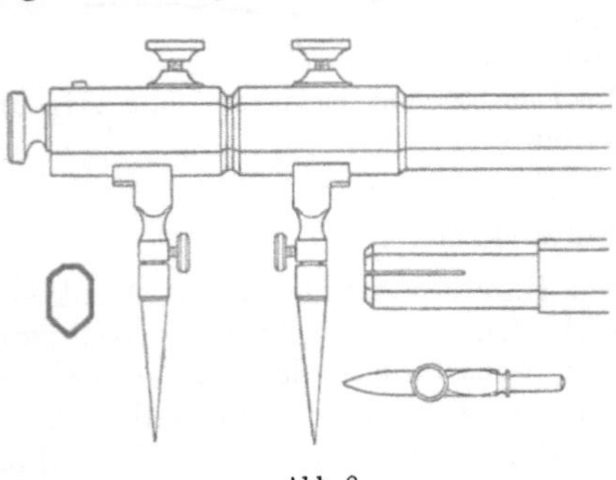

Abb. 8.

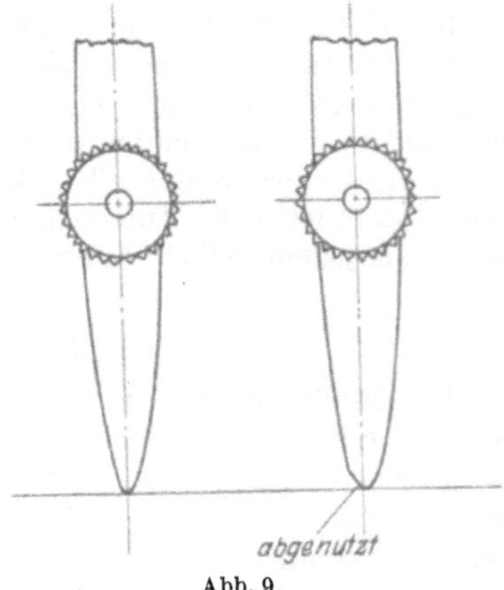

Abb. 9.

Die Reißfedern müssen sauber und dauerhaft aus bestem Werkstoff hergestellt und gut geschliffen sein, feine Stellschrauben haben und das Ziehen auch der feinsten Linien in glatter Form gestatten. Dafür ist Bedingung, daß die Federn gleich lange und starke Backen ohne große Materialansammlung an der eigentlichen Spitze besitzen; senkrechte Führung über das Papier bei leichtem, gleichmäßigem Drucke wird stets nach einiger Übung zum Ziele führen. Da das Papier die Federn mit der Zeit abstumpft, ist ein Nachschleifen unumgänglich notwendig, was man am besten selbst an einem feinen Wasser- oder Ölabziehstein mit Erfolg besorgt. Schief gezeichnete Federn (Abb. 9) werden erst gleich lang geschliffen und darauf geschärft; durch Probieren überzeugt man sich von dem Erfolge der Arbeit.

Wie überall sind auch hier die komplizierten Werkzeuge entbehrlich, ja sogar unvorteilhaft. Dazu gehören vor allem Reißfedern mit Indikatoreinrichtung für Bemessung der Strichstärke, Klappbacken und Punktierrädchen. Ein geübter Zeichner kommt ohne diese Hilfsmittel aus, die obendrein große Aufmerksamkeit bei der Bedienung erfordern, und wird darum nicht langsamer arbeiten. Schraffierlineale und Schraffiermaschinen zählen auch zu den entbehrlichen Werkzeugen, da die zu schraffierenden Flächen meist zu kompliziert sind und dadurch eine umständlichere und zeitraubendere Handhabung des Apparates bedingt ist. Die einfachsten Hilfsmittel in geübter Hand zeitigen stets den gewünschten, guten Erfolg.

Gute und saubere Erhaltung des Reißzeuges ist für seine Dauerhaftigkeit und Fehlerlosigkeit wichtig. Nach dem Gebrauche sind die Geräte zu säubern und mit feinem, weichem Lederlappen abzuwischen, um zerstörende Rostbildungen von der Feuchtigkeit der Hand zu verhüten. Gewöhnliche Schreibtinte darf nie in Reißfedern ohne baldige Nachteile eingeführt werden. Schräubchen und Gelenke sind von Zeit zu Zeit leicht zu ölen, und die Spitzen von Zirkel und Reißfedern bei Nichtgebrauch durch kleine, aufgesteckte Korkstückchen vor Beschädigung zu schützen.

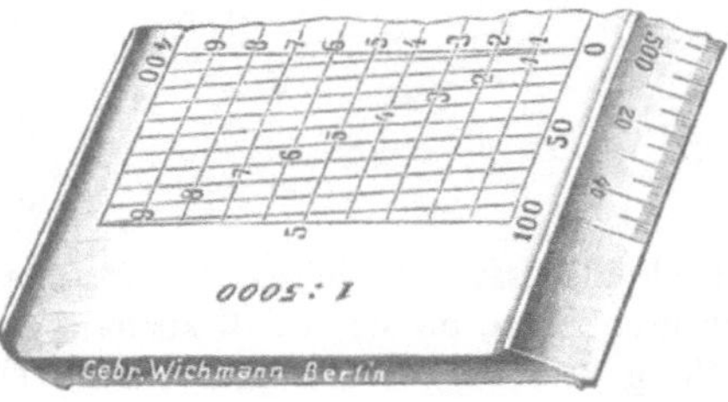

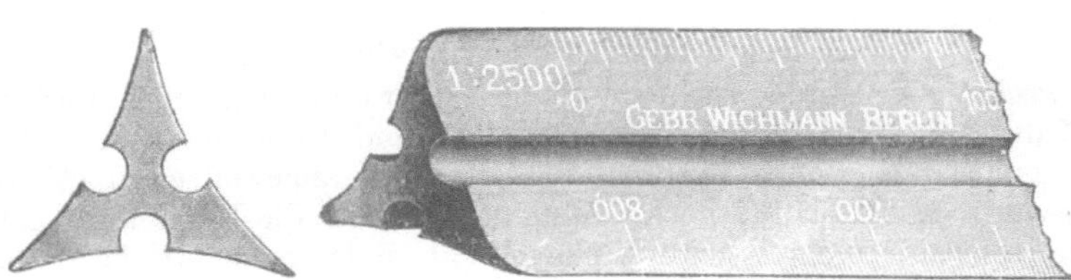

Abb. 10.

Zusammenlegbare Maßstäbe, sogenannte Zollstöcke, genügen zwar für oberflächliche Messungen in der Werkstatt, um ein ungefähres Bild der Größe eines Maschinenteiles zu erhalten, nicht aber der am Konstruktionstisch erforderten Genauigkeit. Hier sind Anlegemaßstäbe mit genauen Teilungen, selbst in Halbmillimeterteilung, mit scharfen Kanten, leserecht stehender, von links nach rechts gehender Beschriftung notwendig (Abb. 10). Holzmaßstäbe aus Buchsbaum oder Ahornholz sind solchen aus Metall (Messing oder Stahl) wegen der geringen Verschmutzungsgefahr vorzuziehen. Transversalmaßstäbe erfreuen sich vielfacher Beliebtheit und sind leicht bei eingetretener Beschädigung ohne großen Kostenaufwand zu ersetzen. Zum Messen der Durchmesser von Wellen, Bohrungen, Gewinden usw. werden Schublehren verwendet, die unbedingt zum Handwerkszeug des Konstrukteurs gehören, weil die Genauigkeit des Zollstockes und der Maßstäbe hierfür gänzlich unzureichend ist. Mit Hilfe des Nonius an der Lehre können auch Zehntelmillimeter sicher abgelesen werden. Schublehren aus Metall müssen denen aus anderen Werkstoffen wegen ihrer größeren Genauigkeit und Haltbarkeit im Maschinenbau vorgezogen werden.

Bruchteile von Millimetern werden in der Zeichnung nach Schätzung aufgetragen, sind aber bei Gesamtsdartellungen zu vermeiden. Im allgemeinen richtet sich die hier einzuhaltende Genauigkeit nach dem Zwecke, bei dessen Beurteilung von Anfängern oft Fehler gemacht werden, und so unnütze und unzureichende Arbeiten geliefert werden.

Die Rechenschieber sind ebenfalls mit Anlegemaßstäben versehen (Abb. 11); ihre Anwendung in der Praxis ist sehr gebräuchlich, weil sie ein wichtiges Werkzeug mit einem praktischen Hilfsmittel zur Erleichterung der Kopfarbeit vereinigen. Kleinere Rechenschieber als 250 mm sind unvorteilhaft wegen der geringen Meßlänge und der größeren Ungenauigkeit beim Rechnen. Die Genauigkeit von größeren Rechenschiebern genügt aber vollkommen den Ansprüchen technischer Rechnungen, wie Übersichtsrechnungen, Kontrollrechnungen und Kostenanschlä-

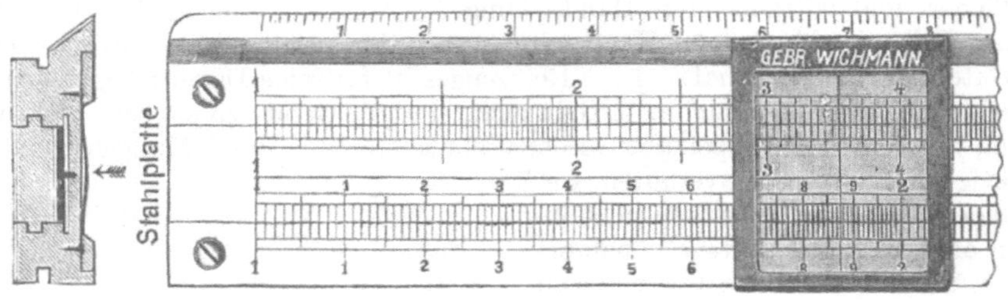

Abb. 11.

gen. Fehlerhafte oder Maßstäbe mit schartigen Ziehkanten sind von der Benutzung auszuschließen, da sie Anlaß zu häufigen Ungenauigkeiten geben. Schonung der Teilung und behutsame Behandlung (Verhüten von Hinfallen) sind daher unerläßlich.

3. Zeichenpapier und Aufspannung.

Der Zweck der Zeichnung ist heute maßgebender denn je für ihre Ausführung und die Wahl des dazugehörigen Papieres. Während früher stets die Originale in die Werkstatt gelangten, ermöglicht das allgemein angewendete Lichtkopierverfahren, von dem am Schluß noch einiges gesagt wird, die Herstellung beliebig vieler Pausen. Damit änderte sich mit einem Schlage das zeichnerische Verfahren und letzten Endes auch die Anwendung der verschiedenen Papierarten. Die Abgabe des Originales an die Werkstatt erforderte ein starkes, haltbares Zeichenpapier, das gleichmäßig gut geleimt war und im Innern eine regelmäßige Faser aufwies. Denn solches Papier ist für Radierungen mit scharfem Tuschgummi geeignet und zeigt danach eine selbst nach Abwaschungen gleichmäßige, harte, pergamentartige Oberfläche. Öfteres und scharfes Umbiegen darf kein Brechen oder Einreißen zur Folge haben, eine Prüfung, die stets beim Einkaufe unternommen werden sollte. Besonders war das sogenannte Whatman-Zeichenpapier (deutschen oder englischen Fabrikates) gebräuchlich, das allen Anforderungen eines guten Zeichenpapiers genügte. Zur Erhaltung der Zeichnungen wurden sie aber trotzdem noch auf Leinwand geklebt. Patentzeichnungen zu Eingaben an das Patentamt müssen auf Bristolkarton gezeichnet werden. Diese und ähnliche Papiersorten gestatten eine gute und saubere Durchführung der Zeichnungen in Tusche. Mit der Einführung der Lichtkopierverfahren wurde anderes Material nötig, da hier wesentliche Werte gespart werden konnten. Der Konstrukteur brauchte nur noch Originale in Blei zu liefern, durch die die Anforderungen an die Qualität des Papieres herabgesetzt werden konnten. So werden heute oft mindere, ja sogar gelbliche Papiere verwendet, die eine gute Durchführung von Arbeiten in Blei gestatten müssen. Starke, dicke und haltbare Papiere finden nur noch Verwendung bei der Darstellung schwieriger Gesamtanlagen und zu reproduktiven Zwecken durch Photographie, die eine saubere Tuschausführung bedingen. Als einzige Bedingung an die früheren Papiere ist die genügende Festigkeit bestehen geblieben, und der Handel bringt sogar transparente Papierarten in großer Menge auf den Markt, die unmittelbar als Originale für Lichtkopien dienen können. Rauhe und körnige Oberfläche des Zeichenpapiers ist für Maschinenzeichnungen durchaus ungeeignet, für Aquarelle und Malereien aber das beste.

Dafür gewann nun das Pauspapier ein wesentlich größeres Anwendungsgebiet. Denn die Originalbleizeichnungen müssen zur Vervielfältigung durch Lichtkopie erst auf durchsichtiges Papier in Tusche übertragen werden. Pauspapier muß in erster Linie gut durchsichtig und zur Vermeidung der Brüchigkeit leicht gefirnißt sein; Pauspergament ist etwas stärker und fester. Letzteres hat den Vorzug, daß auf ihm die Tusche nicht zusammenläuft oder perlt. Am dauerhaftesten sind Pausen auf Pausleinwand, die bei großer Durchsichtigkeit sehr fest ist und sich nicht verzieht; gezogene Tuschlinien sind aber schwer daraus zu entfernen. Für den Allgemeingebrauch genügt einseitig geglättete Pausleinwand, nur für Zeichnungen für das Patentamt ist beiderseits geglättete Pausleinwand Vorschrift. Die von Pausleinwand gewonnenen Lichtkopien zeichnen sich durch Klarheit und Schärfe aus, da sie im Gegensatze zu Pauspapier nur ganz wenig nachdunkelt.

Das Aufkleben des Zeichenpapiers auf Brett oder Zeichentisch ist mit der eben angedeuteten Änderung in der Ausführungsart der Zeichnung in Fortfall geraten, da es viel Zeit beansprucht und der Bogen nicht sofort gebrauchsfähig ist. Anstiften der Papiere mit Reißzwecken genügt daher allgemein. Beim Arbeiten auf dünnem Entwurfspapier ist jedoch die Verwendung eines starken Bogens als Unterlage anzuraten; dadurch treten die gezogenen Bleistiftlinien deutlicher hervor und erleichtern so das Arbeiten besonders bei künstlichem Licht. Ferner wird ein Durchdrücken des Papiers dadurch verhindert. Der Unterlegbogen wird auf dem Reißbrett ebenfalls mit Reißzwecken befestigt und muß glatt anliegen.

4. Bleistift, Tusche usw.

Ein guter Bleistift muß weich und sauber, nicht schmierend schreiben, gleichmäßig schwarze Linien geben und nicht bröckeln oder gar harte Körper enthalten. Die gut herstellbare Spitze muß fest und bis zu einem gewissen Grade widerstandsfähig sein. Der Konstrukteur braucht für seine Entwürfe im allgemeinen drei verschiedene Bleihärten, die den Nummern 4, 5 und 6 entsprechen; für schriftliche Ausarbeitungen und Handskizzen ist 2 oder 3 geeignet. Je geübter jedoch die Hand ist, um so eher kommt sie mit einer Härte aus. Für geometrische Konstruktionen, graphische Darstellungen sowie Gesamtdarstellungen in verkleinertem Maßstabe, bei denen es auf eine große Genauigkeit ankommt, ergibt Härte Nr. 6 die klarsten und genauesten Schnittpunkte und Linien. Als Radiermittel dient ein Gummi, ein weicher oder Wischgummi zur Entfernung von Bleilinien, ein harter für Tusche und ein scharfes Radiermesser bzw. Radierfedern. Ein Handfeger zum Entfernen der Gummirückstände tut gute Dienste und reinigt schnell die Zeichenoberfläche.

Gute Ausziehtuschen sind waschecht, leichtflüssig ohne zu tropfen, farbrein und müssen ohne Schwierigkeit ein gleichmäßiges Ausziehen selbst der feinsten Linien zulassen. Chinesische Tusche ist gut, aber teuer und hat den Nachteil des Anreibens vor jedem Gebrauche. Die Fertigfabrikate in allen Farben sind aber so auf der Höhe, daß sich deren Gebrauch stets empfiehlt, um diese Schwierigkeit zu umgehen. Vor Umwerfen behütet man die Tuschflaschen leicht durch selbst zu fertigende Holzklötze als Untersatz oder die käuflichen aus Blech gestanzten Füße. Schere, Leim sowie Schreib- und Zeichenfedern nach Wahl ergänzen das Handwerkszeug des Konstrukteurs und Zeichners.

Schließlich wäre noch die Art der Beschriftung einer Zeichnung kurz zu erwähnen. Die früher übliche Rundschrift, deren gutes Aussehen von der Geschicklichkeit des Schreibenden abhängig war, ist in der neuesten Zeit von den Schablonenschriften verdrängt worden. Der Normenausschuß der deutschen Industrie hat die schräge Blockschrift als beste und klarste erkannt und als vorbildlich zur allgemeinen Benutzung empfohlen (DIN 16, s. Anhang S. 46). Mit Hilfe der entsprechenden Schablonen ist es jedem, auch dem schlechtesten Schreiber, möglich, durch Befahren des gegebenen Schlüssels der in Zelluloid gestanzten Buchstaben oder Teilen davon eine saubere und gleichmäßige Beschriftung zu erzielen. Einzelne Teile der Buchstaben lassen sich leicht durch Einhaltung der gegebenen Richtlinien, Schlüssel und Führungen zu ganzen Buchstaben zusammensetzen. Eine gewisse Übung ist jedoch bei Ausführung der Schrift trotzdem notwendig und anzuraten; ihre Erlangung macht aber nur geringe Mühe und erfordert lediglich einige Übersicht im Gebrauch der Schablonen.

Die Schriftgröße und -stärke ist ebenfalls genormt (DIN 16, Bl. 2, s. Anhang S. 47) und richtet sich nach dem Zweck und der Größe des zu bezeichnenden Gegenstandes und der Art der Zeichnung, worauf in einem späteren Absatz nochmals zurückgegriffen wird.

Es würde zu weit führen und nicht in den Rahmen dieses Buches gehören, wenn an dieser Stelle die verschiedenen Ausführungen der zeichnerischen Hilfsmittel, ihre Vorzüge und Nachteile eingehend besprochen würden.

II. Der Zweck der Zeichnung bestimmt die Ausführung und Darstellungsweise.

1. Angebots- und Projektzeichnungen.

Selbst die Arbeit des findigsten Konstrukteurs muß und wird an einer nicht zweckmäßigen Darstellung der äußeren Formen scheitern. Er muß seine Idee, das Konstruktionsbild, genau in seiner Vorstellung verarbeiten und darauf in der Zeichnung sinngemäß, klar und deutlich zum Ausdruck bringen. Wichtig und maßgebend für die Darstellung ist in erster Linie der Zweck, dem die Zeichnung dienen soll. Im folgenden sollen die wichtigsten Zeichnungsarten im Anschluß an Din 199 behandelt werden.

Vom Angebot ausgehend, sei zunächst über Angebots- und Projektzeichnungen gesprochen. Angebotszeichnungen (Tafel 1) unterliegen vielfach der Beurteilung von Nichtsachverständigen, für die eine große Anschaulichkeit und Deutlichkeit der Zeichnungen von Wichtigkeit ist; daneben bestimmen aber auch das äußere Aussehen und die Handlichkeit der Zeichnungsformate mit. Angebote und Projekte müssen daher übersichtlich und handlich sein und eine bequeme Benutzung gestatten. Verfehlt ist es, bei einem Angebot verschiedene Zeichnungsformate zu wählen und die Zeichnungen gesondert oder im gerollten Zustande zu übergeben. Kostenanschlag und Texterläuterungen müssen zusammen mit den entsprechenden Zeichnungen und Abbildungen ein einheitliches Ganzes bilden, aus dem der Beurteiler alles Wissenswerte zu entnehmen in der Lage ist. Ein Angebot ist mit einer Zeitschrift zu vergleichen, die gleich neben dem Texte die erläuternden und erklärenden Abbildungen bringt und dadurch das Verständnis des Lesers viel intensiver weckt als die früher übliche Art der Sammlung der Abbildungen auf Tafeln hinter dem Text, die stets ein Umblättern zwischen Text und Tafeln erforderte und so das Gesamtbild stört. Für Angebotszeichnungen im Submissionsverfahren sind die jeweils verschiedenen behördlichen Vorschriften genau zu beachten und einzuhalten, die zur Erleichterung der Prüfungsarbeit getroffen sind.

Jedes Angebot muß eine Darstellung der örtlichen und gegebenen Verhältnisse mit der in Erwägung gezogenen Neuanschaffung deutlich erkennen lassen. Es ist ein grundsätzliches Übel, wenn solche Gesamtzeichnungen, die einen Aufschluß über den Platzverbrauch einer Anlage oder die Unterbringung in schon vorhandenen, mit Maschinen belegten Räumen vermitteln sollen, fehlen, weil infolge solcher Unvollständigkeit ein Gesamturteil zur Unmöglichkeit gemacht wird, mindestens aber zeitraubende Arbeit zu seiner Bildung verursacht wird. Der Erläuterungstext muß eine klare, ausführliche, sachliche Begründung an der Hand von Skizzen und Zeichnungen enthalten, die für die Allgemeinanordnung, Unterbringung und Aufstellung maßgebend sind.

Ein anderer verbreiteter Fehler bei Angeboten besteht in der Darstellung zahlloser Einzelheiten der Anlage. Sie sind völlig überflüssig, wenn sie nicht einen besonderen Zweck, z. B. die Betonung einer Konstruktion einer veralteten oder der einer Konkurrenzfirma gegenüber verfolgen. Der Laie klammert sich vielfach an Einzelheiten, unterzieht daher solche einfachen Teilzeichnungen seiner ungeschulten Kritik, die schon oft Ursache für die Ablehnung eines Angebots wurden, wenn eine Firma von einer in der Praxis erprobten Konstruktion nicht abgehen wollte oder eine Änderung nicht vorzunehmen gewillt war. Diese Anhäufung von Teilzeichnungen in Angeboten ist eine Folge des Submissionsverfahrens, wozu noch die Bereitwilligkeit und das Entgegenkommen vieler Firmen immer weitere Handhaben zur Erhöhung der Ansprüche an Angebotszeichnungen gibt, ohne den Schaden an geistiger und wissenschaftlicher Arbeit dabei zu berücksichtigen. Ein derartiger Druck durch Ausschreibungsbedingungen müßte in Zukunft einmütig von der Industrie, wie das im Auslande schon lange der Fall ist, abgelehnt werden und so wieder die Rückkehr zu einem normalen Zustande angebahnt werden. Und das besonders in der Jetztzeit, in der jeder unnütze Arbeitsaufwand mit ungeheuren Kosten verbunden ist.

Viele Firmen fügen den Angeboten im Umdruckverfahren hergestellte Sinnbilder der verlangten Maschinen bei. Die Bemaßung ist in Allgemeinbezeichnungen (Buchstaben) und die tatsächlichen Maße darunter in Tabellenform unter Bezugnahme auf Leistung oder Größenbezeichnung der Maschine angegeben. Für den Werkstattgebrauch, das Montage- und Konstruktionsbureau sind diese Darstellungen wertvoll und übersichtlich, nicht aber für den Laien, der sich von den wahren Abmessungen und der Unterbringungsmöglichkeit in gegebenen Raumverhältnissen kein Bild machen kann, vielfach sogar über die Anwendung von Bild und Tabelle im unklaren ist. In einem solchen Falle muß unbedingt eine Unterbringungsskizze beigefügt werden, die die Aufstellungsmöglichkeiten und den Raumbedarf erkennen läßt. Aber auch für den bauleitenden Ingenieur oder Konstrukteur ist eine solche Skizze eine Erleichterung seiner verantwortlichen Tätigkeit. Die Übersicht bei der Projektbearbeitung wird dadurch wesentlich gefördert.

Projektzeichnungen haben meist nur den Zweck, ein allgemeines Bild über Formen und Aussehen zu geben und Hauptabmessungen, die für Montage und Raumzuweisung nötig sind, erkennen zu lassen. Anschauliche, ja sogar plastische Bilddarstellung sind zu diesem Zwecke sehr förderlich. Die Veranschaulichung für Laien fordert sogar oft ganz ungewöhnliche Mittel, z. B. Darstellung durch Modell; vielfach werden auch die wichtigsten in Betracht kommenden Teile dadurch hervorgehoben, daß man Lichtbilder ähnlich denen der Röntgenaufnahmen ausführt, bei denen z. B. innere, verdeckte Triebwerkteile stark hervorgehoben werden, während alles übrige nur andeutungsweise den Zusammenhang mit dem Ganzen erklärt und in der Darstellung durch schwächere Umrisse zurücktreten muß.

Abbildungen zu Reklamezwecken können von einer genauen Darstellung ganz abweichen und nur die äußeren Formen wiedergeben. Schattenbilder eignen sich hierfür ganz besonders, wenn ihre Zusammensetzung in erster Linie den Anpreisungszweck erfüllt und zweitens das Verwendungsgebiet der Anlagen sinnfällig andeutet. Einfache Strichzeichnungen, gewissermaßen die Außenkonturen einer Werkzeichnung, genügen diesen Ansprüchen nicht, da sie weder dem Laien noch dem Fachmann die gewünschten Auskünfte erteilen. Dabei ist aber auf die Vervielfältigung solcher Zeichnungen weitestgehende Rücksicht zu nehmen.

2. Werkstattzeichnungen.

Die Werkstattzeichnung ist das alleinige Verständigungsmittel zwischen Konstruktionstisch und Werkstatt (Tafel 2). Nach ihr soll der Arbeiter imstande sein, die benötigten Formen einwandfrei herstellen zu können. Diese Forderung bedingt eindeutige und erschöpfende Darstellung der Maschinenteile unter Anwendung klarer, scharf und kräftig gezeichneter Umrißlinien, die auch aus größerer Entfernung gut erfaßt werden können. Die Nachbildung der benötigten Formen muß unter allen Umständen sichergestellt sein. Kein Ausführungsmaß darf vom Arbeiter in der Zeichnung nachgemessen oder gar nachgerechnet werden; es muß vielmehr deutlich und an sinnfälliger Stelle aus der Zeichnung abgelesen werden. Durch das Nachmessen entstehen immer Ungenauigkeiten infolge Verziehens des Papieres oder Unregelmäßigkeiten beim Pausen; durch Nachrechnen eines Maßes besteht die Gefahr des Verrechnens

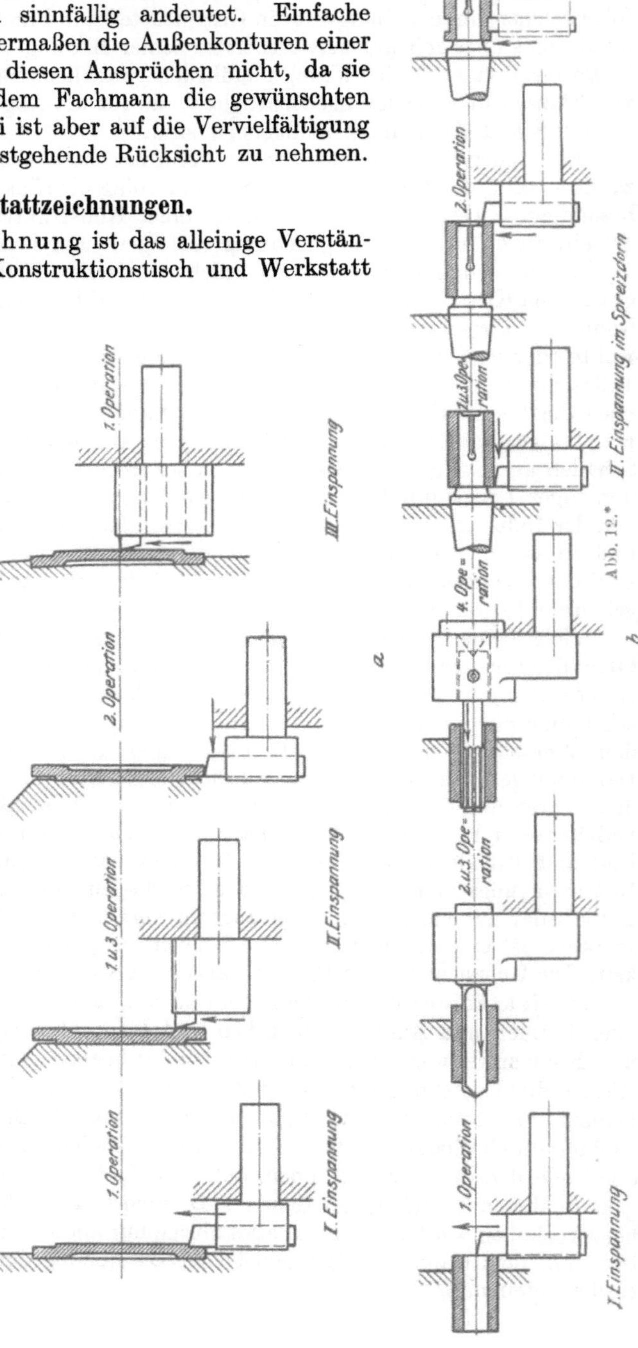

Abb. 12.

des Arbeiters und damit der falschen Ausführung. Allein die eingeschriebenen
Maßzahlen sind für die Ausführung bindend, die Zeichnung an sich dient nur
der Veranschaulichung der Form.

3. Zeichnerische Sonderdarstellungen.

Für Sonderzwecke sind vielfach auch Sonderdarstellungsmethoden üblich.
Gutachten müssen wie die Angebote erläutert sein und die Zeichnungen im

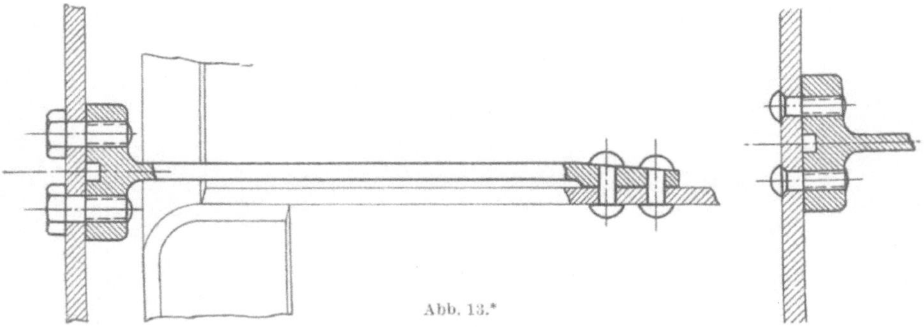

Abb. 13.*

Ausführungs= bezeichnung	A mm	B mm	L mm
Ausführung a	160	80	800
" " b	180	85	900
" " c	200	90	1000
" " d	150	75	750

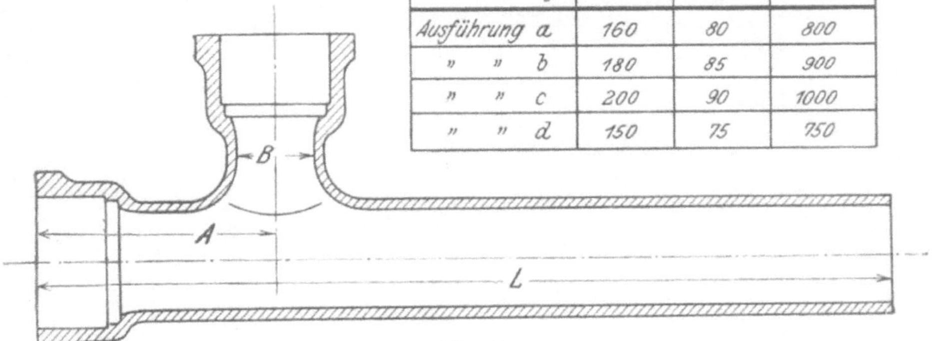

Abb. 14.*

Format der erläuternden Schrift angepaßt, handlich und an der richtigen Stelle eingefügt sein. Patentzeichnungen sind auf dem vorgeschriebenen Kartonpapier mit der vorgeschriebenen Größe, Nebenzeichnungen auf Pausleinwand anzufertigen.

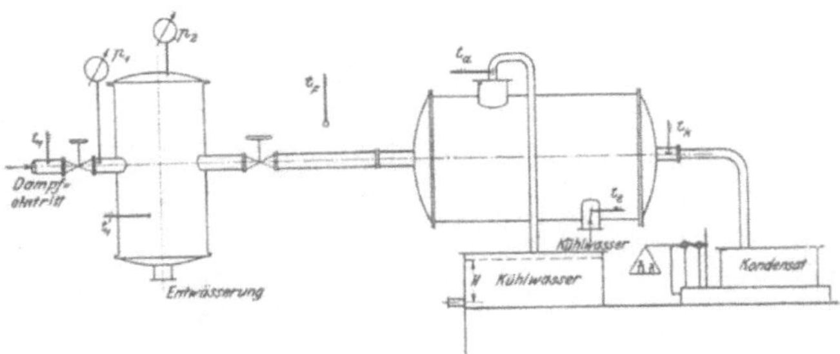

Abb. 15. Schematische Darstellung einer Versuchsanordnung.*

Auf die photographische Verkleinerung ist Rücksicht zu nehmen. Bezugszeichen
sind nur, soweit unbedingt nötig, zu verwenden, Erläuterungen auf der Zeichnung
zu unterlassen.

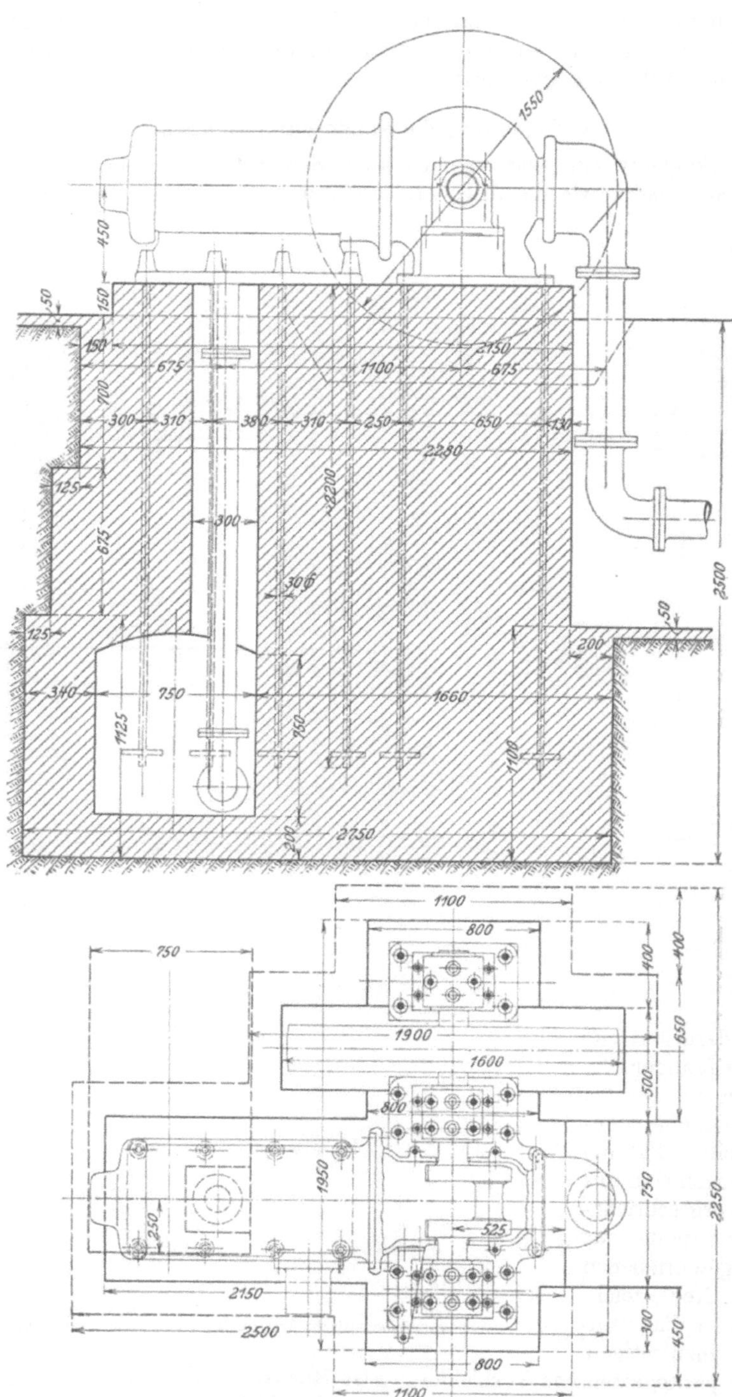

Abb. 16.*

Zur Herstellung von Bearbeitungsplänen (Din 199) sind Zeichnungen
nötig, die skizzenhaft nacheinander die Arbeitsvorgänge der Anfertigung darstellen (Abb. 12). Diese sind für Artikel der Massenherstellung besonders wichtig
und für die Werkstatt instruktiv, weil aus ihnen die günstigste Arbeitsweise und
-folge und die zur Bearbeitung notwendigen Werkzeuge hervorgehen. Die sogenannten Deckblätter sollen geringe konstruktive Verschiedenheiten mit schon
vorhandenen Zeichnungen gleicher Teile darstellen und sind aus diesem Grunde
nur auf die Verschiedenheit zwischen der alten Zeichnung und der Neuausführung zu beschränken. Mustergültig sind in dieser Beziehung die Deckblätter
des Eisenbahnzentralamtes zu den Musterzeichnungen der Staatsbahnen. Durch
diese Deckblätter werden völlige Neuanfertigungen von Zeichnungen und damit
wesentliche Arbeit und Kosten vermieden (Abb. 13). Auch das Beschriften von
Zeichnungen mit Allgemeinmaßen in Buchstaben,
für die die auszuführenden Maße in Tabellenform auf der Zeichnung vermerkt werden, erleichtert und verbilligt die Arbeit, wenn das Werkstück
sonst gleiche Ausführungsformen verlangt (Abbildung 14).

Wissenschaftliche Untersuchungen erfordern
eine Darstellung der Meßvorgänge, ihrer Reihenfolge und Bezeichnung der Meßstellen, das Fehlen
solcher Angaben vermindert den Wert der Arbeit
und macht eine spätere Nachprüfung illusorisch
(Abb. 15). Sorgfältige Ausarbeitung der Versuche
ist daher anzustreben; denn eine übersichtliche
und klare Zusammenstellung krönt die Arbeit
erst mit Erfolg. Alles Überflüssige in solchen
Zeichnungen ist fortzulassen, schematische
Skizzenangaben genügen diesem Zwecke und
reichen völlig aus (Abb. 15).

Geamtzeichnungen verfolgen die verschiedensten Zwecke (Tafel 3). Sie können einmal

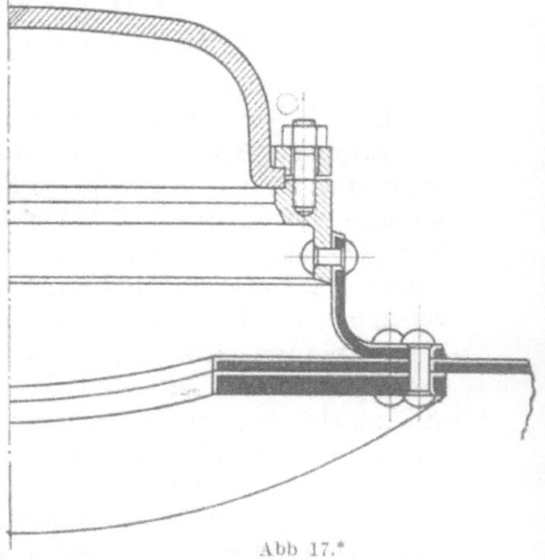

Abb. 17.

den Raumbedarf und die Aufstellungsmöglichkeiten einer Anlage erläutern, wozu
die Angabe der Hauptabmessungen, Abstand der Mittellinien sowie die äußere
Form notwendig sind, während die innere Konstruktion für diesen Fall neben-
sächlich ist und fortgelassen werden muß. Rohranschlüsse, Zu- und Ableitungen
sind von Wichtigkeit und daher besonders zu verdeutlichen (Tafel 3). Richt- oder
Montagezeichnungen (Tafel 3) müssen den Zusammenhang und die Verbindung aller
Einzelteile erkennen lassen und die Feststellung der Richtmaße ermöglichen. Bei
kleinen Anlagen können diese Zeichnungen auch gleichzeitig mehreren Zwecken
dienen, wenn Deutlichkeit und Übersicht darunter nicht leiden. So lassen sich z. B.
Fundament- und Rohrpläne vielfach vereinigen (Abb. 16). Gesamtpläne von
Maschinen, die alle äußeren Teile nur in Ansicht zeigen, wirken überladen, sind teuer
und zeitraubend bei der Anfertigung und enthalten dafür oft viel Entbehrliches, das
die Hauptsachen verschleiert und so zu Mißgriffen Anlaß gibt. Ist für einen Sonder-
fall ein derartiges Bild notwendig, so erfüllt das leicht herstellbare Lichtbild den
Zweck billiger, einfacher und schneller. Für Übersichtszeichnungen genügt die Darstellung der Hauptteile, und Fortlassung allen Beiwerkes wirkt belebend und hervor-
stechend auf den Beschauer, so daß er beim ersten Blick auf die Hauptsache ge-
wiesen wird. Die Wirkungsweise beweglicher Teile kann meist nur im Zusammenhange der ganzen Maschine durch Zeichnung erläutert werden (Tafel 3). Sach-

gemäßes Vorgehen und treffende Darstellung durch zeichnerische Hervorhebung sind hier besonders von Wichtigkeit, da die Anschaulichkeit allein durch dieses Mittel gehoben werden kann. Dazu gehört bei Anwendung von Schraffuren und Schwarzflächen die Verdeutlichung durch Lichtränder (Abb. 17), um im Original wie in den Lichtpausen deutlich Trennungsfugen, Paßstellen usw. erkennen zu können.

Die Bezeichnung von Einzelheiten durch Teilnummern hat erstens den Zweck, in einer Stückliste weitere Angaben zu machen, z. B. über Art und Bearbeitung des Werkstückes, zweitens ist sie für den Zusammenbau und den Zusammenhang, für Nachbestellung in der Bestellerliste von großer Bedeutung. Um nun zu hohe Zahlen zu vermeiden, werden zusammenhängende Gruppen von Maschinenteilen gebildet und die Gruppen wieder durch Buchstaben, deren Einzelteile aber durch Nummern bezeichnet sind, kenntlich gemacht. So wird ein System aufgebaut, aus dem auch nach Jahren noch das Wissenswerte schnell festgestellt werden kann.

III. Die Darstellungsmethoden.

1. Wahl der Projektionen und ihre Anordnung.

Alle Konstruktionsformen müssen in verschiedenen Projektionen dargestellt werden; da jeder Körper ein dreidimensionales Gebilde ist, mindestens in drei Projektionen, nämlich Aufriß, Grundriß und Seitenriß. In vielen Fällen wird sich sogar eine vierte oder gar fünfte Projektion als notwendig erweisen, um eine Nachbildung einwandfrei und sicher herstellen zu können. Dies gilt besonders von komplizierten, unsymmetrischen Gußstücken zur Darlegung und Formenkennzeichnung von Kernen, Flanschen, Warzen, Nasen usw. Eine ungenügende Zahl von Projektionen bestimmt das Werkstück nicht eindeutig und verursacht oft eine falsche Ausführung und damit verbunden Zeitverlust und Unkosten, ja sogar vorkommende Unfälle und Störungen im Betriebe können die schweren Folgen davon sein. Dies kann auch bei solchen Werkstücken eintreten, die zwar einfache Formen aufweisen, aber unzureichend dargestellt worden sind. Im übrigen sei

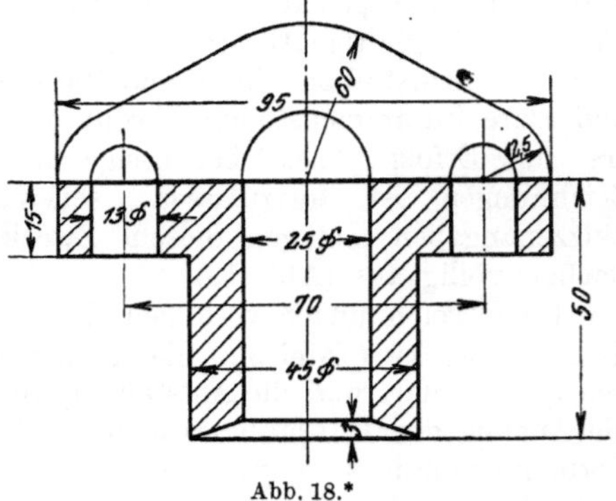

Abb. 18.*

auf DIN 6, s. Anhang S. 48, und Abb. 18 eindringlich verwiesen. Bei rein zylindrischen Körpern kann der Grundriß erspart werden, wenn im Aufriß das Durchmesserzeichen bei der Bemaßung verwendet wird.

2. Schnittführung und Teilprojektionen.

Das Innere von Maschinenteilen muß durch Schnitte dargestellt werden (Abb. 19), deren Anordnung denen der Projektionen entsprechend ist. Eine Ansichtsdarstellung mit gestrichelten, inneren Konstruktionsteilen ist verfehlt, unklar und für die Ausführung in der Werkstatt ungeeignet (Abb. 20). Diesen Gesichtspunkt behalte jeder Konstrukteur vor Augen und beschränke diese Darstellungsweise auf das dringend Notwendige und Unumgängliche. Alle Hohlkörper, wie Ventil- und Schiebergehäuse, Zylinder, Kolben, Rohre usw. sind in der Schnittdarstellung wiederzugeben (Abb. 19); denn für die Werkstatt muß die Innenkonstruktion ersichtlich sein. Durch Strichlinien (Abb. 20) wird das Bild unübersichtlich und schwer lesbar.

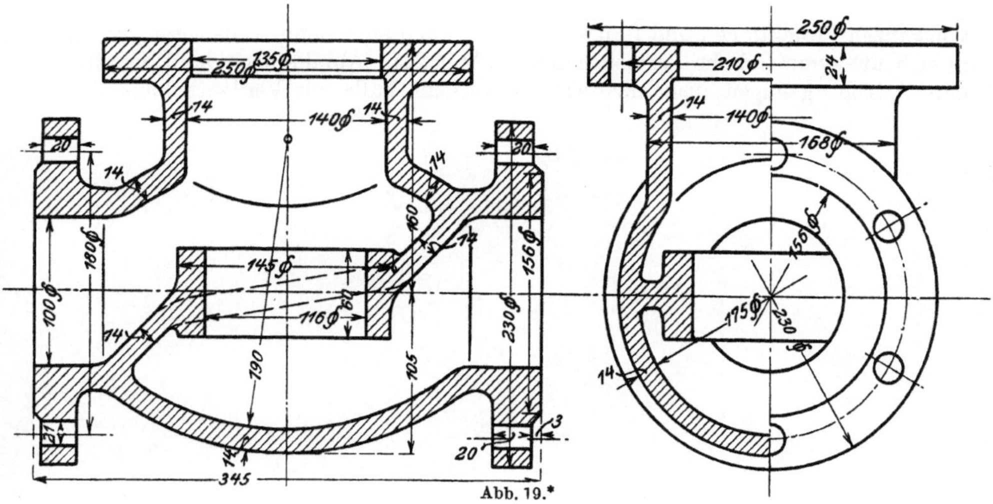

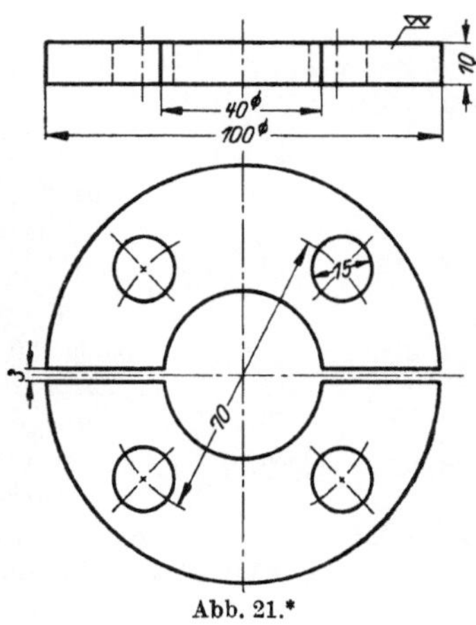

Abb. 19.*

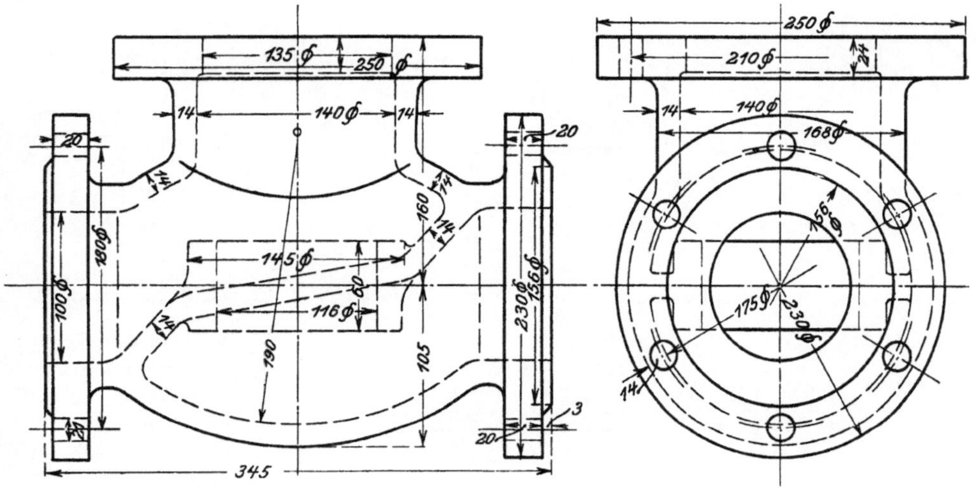

Abb. 20.*

Abb. 21.*

Wie führt man nun einen Schnitt? Man denkt sich den Körper durch eine der Hauptachsen geschnitten und die vordere Hälfte weg. Damit bleibt die hintere Hälfte übrig, deren Schnittfläche zur Hervorhebung schraffiert wird (Abb. 19). Diese gedachten Schnitte werden stets schraffiert! Dagegen bleiben wirkliche Schnitte bei geteilten Körpern (Abb. 21) stets in Ansicht und werden nicht schraffiert. Durch eine Hauptachse gehende Schnitte nennt man Mittelschnitte. Erweist sich eine komplizierte oder gar gebrochene Schnittführung als unvermeidlich, so ist dies in der Zeichnung anzudeuten und durch Beschriftung „Schnitt A—B" besonders zu kennzeichnen (Abb. 22). An die Stelle von ganzen Projektionen und Ganzschnitten können auch deren Teile treten, wenn es sich um symmetrische Formen handelt (Abb. 22). Abbildungen halb Schnitt, halb Ansicht genügen ausnahmsweise in solchem Falle zur Verdeutlichung der

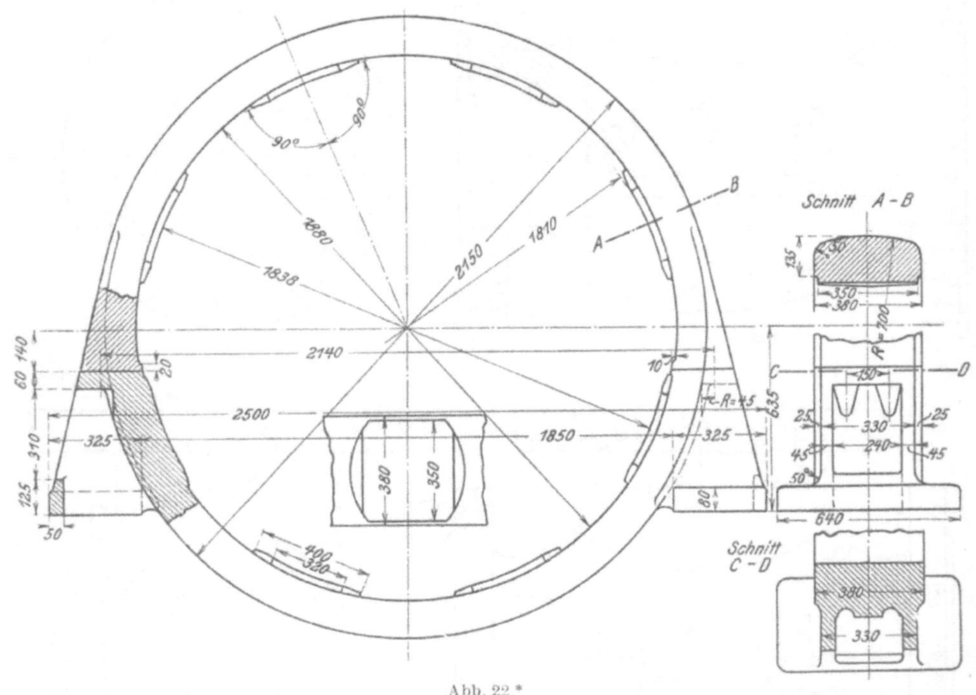

Abb. 22.*

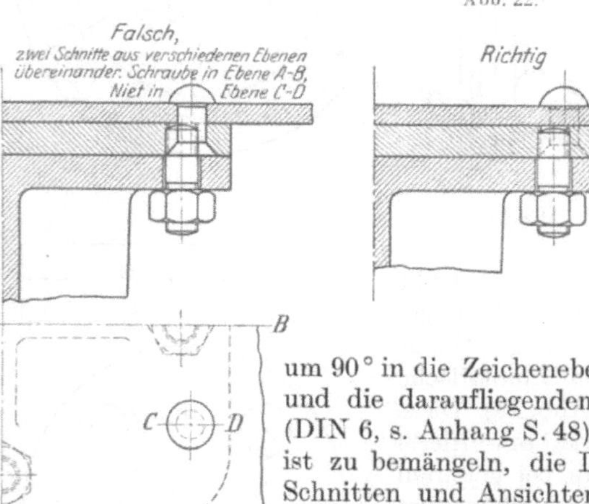

Abb. 23. Säulenfuß.*

Formen, jedoch müssen die Trennungslinien dann stets mit den Mittellinien zusammenfallen (Abb. 19); eine besondere Kennzeichnung der Trennungslinie ist falsch und gibt nur zu Irrtümern Anlaß bei der Werkausführung. Es genügt z. B., wenn neben einem Flansch im Schnitt unter Klappung um 90° in die Zeichenebene der halbe Teilkreisdurchmesser und die daraufliegenden Schraubenlöcher angegeben sind (DIN 6, s. Anhang S. 48). Jede Übertreibung dieser Regeln ist zu bemängeln, die Darstellung von Bruchstücken aus Schnitten und Ansichten, deren Zusammenhang mit dem Ganzen nur schwer erkennbar ist, ist fehlerhaft, weil eine richtige Ausführung dadurch in Frage gestellt wird. Das Übereinanderzeichnen mehrerer Schnittprojektionen ist zu verwerfen; die Mißdeutung solcher Darstellung geht aus Abb. 23 hervor. Falsch ist es endlich auch, Teilschnitte durch Werkstückskanten zu begrenzen; DIN 36, s. Anhang S. 51/52, zeigt die richtige, zeichnerische Ausführung.

Schnitte sollen dem Beschauer wie auch dem Arbeiter stets etwas Neues über die Formen, deren Zusammenhang und Anordnung berichten. Es ist wertlos, Konstruktionsteile im Schnitt darzustellen, bei denen diese Voraussetzung nicht zutrifft. Was zeigen z. B. Schnitte nach Abb. 24 (linke Hälfte) dem Beschauer Neues? Nichts, folglich sind sie unbrauchbar, unnötig! Aus diesem Grunde schneidet man Rippen, Stangen, Bolzen, Schrauben, Wellen und Vollstücke niemals in der Längsrichtung; es wird dabei nichts Neues gezeigt, vielmehr nur ein unklares Bild geschaffen, das den Arbeiter stutzig machen muß. Diese Teile bleiben daher stets in Ansicht, während die Umgebung geschnitten wird (Abb. 24 [rechte Hälfte] und Abb. 25); eine besondere Andeutung der Schnittführung in diesem Falle wird als selbstverständlich, weil grundsätzlich, unterlassen. Schnittflächen werden als solche durch Schraffur verdeutlicht und dadurch hervorgehoben.

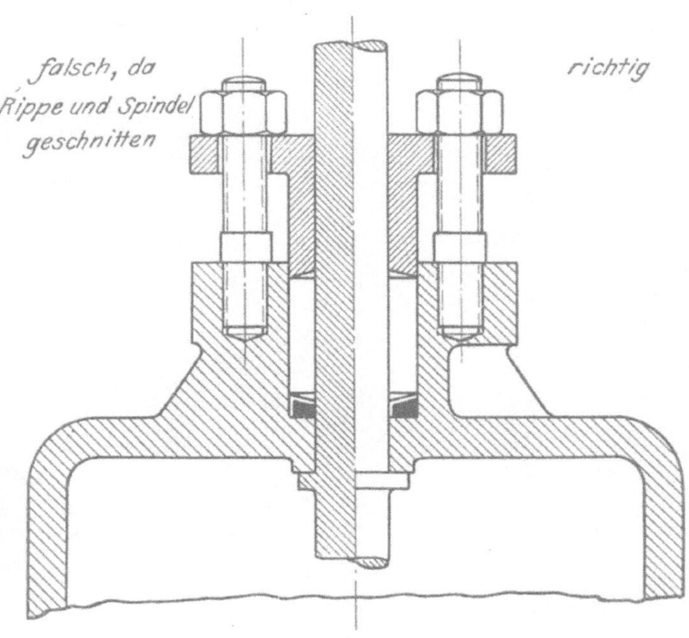

Abb. 24.*

3. Übersichtliche und deutliche Darstellung.

Es ist praktisch, sich vor Anfertigung einer Werkstattzeichnung eine einfache Skizze zu machen, um an Hand dieser eine zweckmäßige und übersichtliche Anordnung des Werkstückes auf der Zeichnung zu treffen. Dazu gehört auch, daß nicht allein der betreffende Konstruktionsteil als solcher wiedergegeben wird, sondern es müssen in skizzenhaften Umrissen auch die anschließenden Teile gezeichnet werden, um so Irrtümer in der Ausführung durch Kontrolle des Zusammenhanges mit den Nebenteilen auszuschalten (Abb. 13). Es ist unleugbar schwer, hierin das Richtige zu treffen, denn ein Zuviel in der Darstellung der Situation wirkt auch wieder schädigend und stört

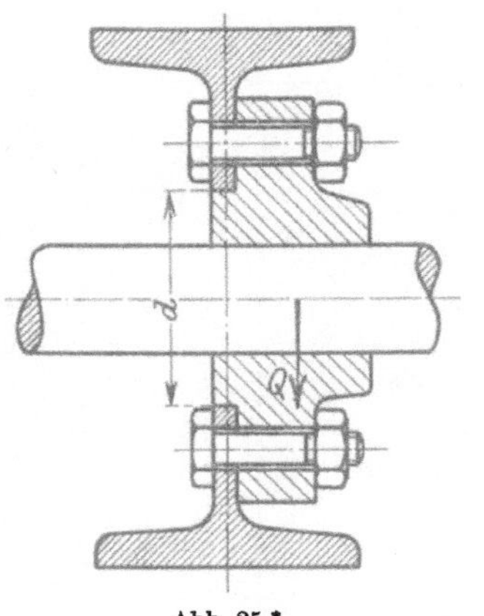

Abb. 25.*

die Übersicht. Eine zu knappe Situationsdarstellung erfordert zwar etwas mehr Zeichenarbeit bei Herstellung der Teilzeichnungen, verhindert aber Fehler, die später beim Zusammenbau schwer oder nur mit Unkosten beseitigt werden können. *Bei Werkstücken der Massenherstellung ist diese Vorsicht nicht nötig.*

Rippe 10mm stark
Konsol für Heizlampe
Glühkugel
Kupferasbest
205 ø höchste Kolbenstellung
508 ø
niedrigste Kolbenstellung
Spülluft

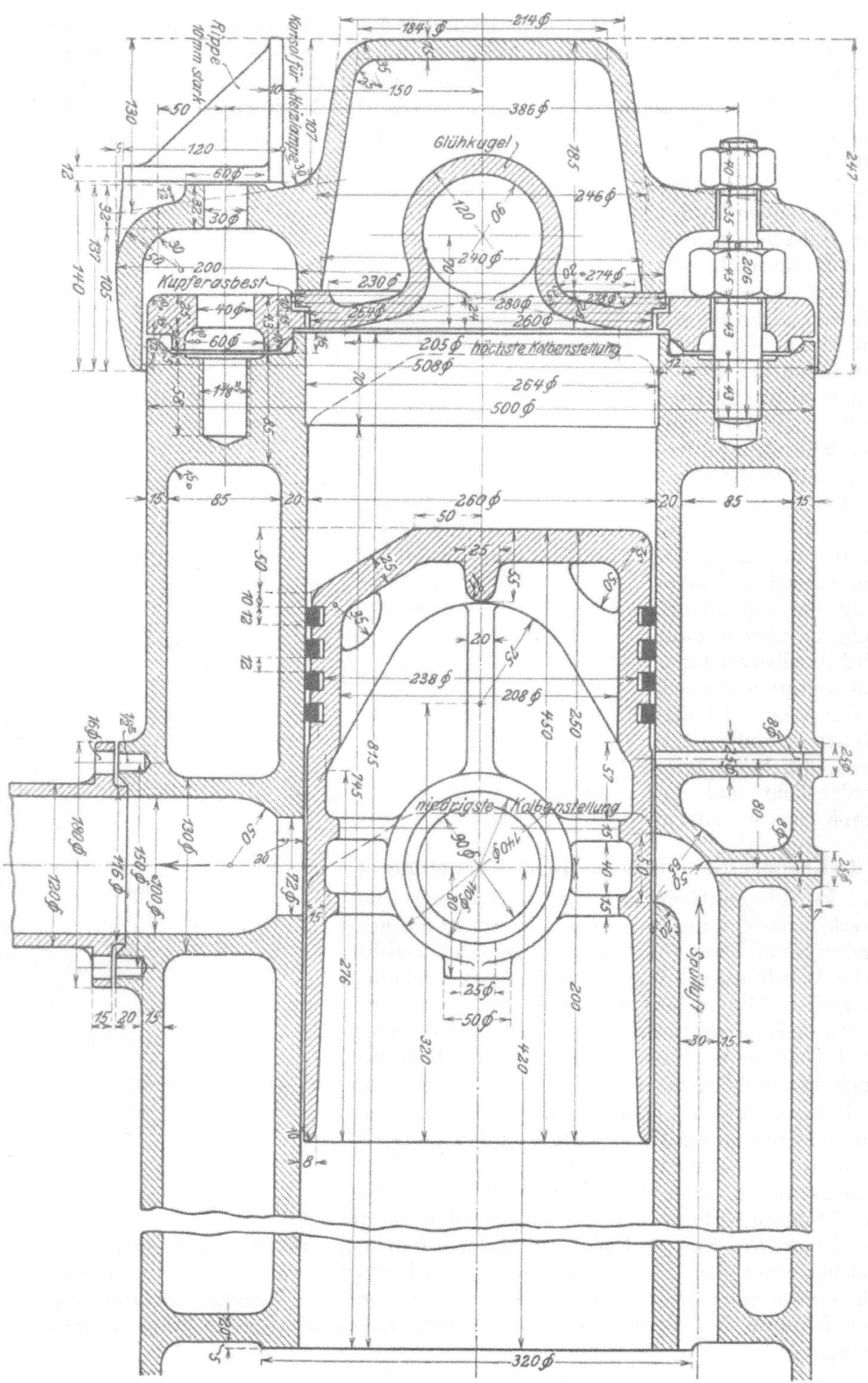

Abb. 26.*

Auf folgende Einzelheiten in der Darstellung sei besonders hingewiesen, weil dadurch Schwierigkeiten bei der Montage einer Maschine vermieden werden. Alle beweglichen Maschinenteile müssen in kennzeichnenden Stellungen zur Darstellung gelangen, z. B. Kolben in ihren Zylindern im Hubwechsel (Abb. 26), Kreuzköpfe; für diese ist die Stellung im Totpunkt als äußerste Stellung maßgebend; sie muß daher angedeutet werden, da sonst der Gang der Maschine in Frage gestellt ist. Ebenso sind Steuerungshebel, Schubstangen, Winkelhebel in ihren äußersten Stellungen abzubilden und damit zu zeigen, daß andere Konstruktionsteile der Einnahme dieser Stellung nicht im Wege stehen. Projektionslinien, die hinter dem Schnitt liegen, wie auch Durchgangslinien dürfen unmöglich eingezeichnet werden, weil darunter die Klarheit der Zeichnung leidet (Abbildung 27). Es ist zwecklos und die Anschauung störend, wenn zu viele oder gar alle Nebenteile, die weder für die Ausführung noch für die Formdarstellung irgendwie maßgebend sind, gezeichnet wer-

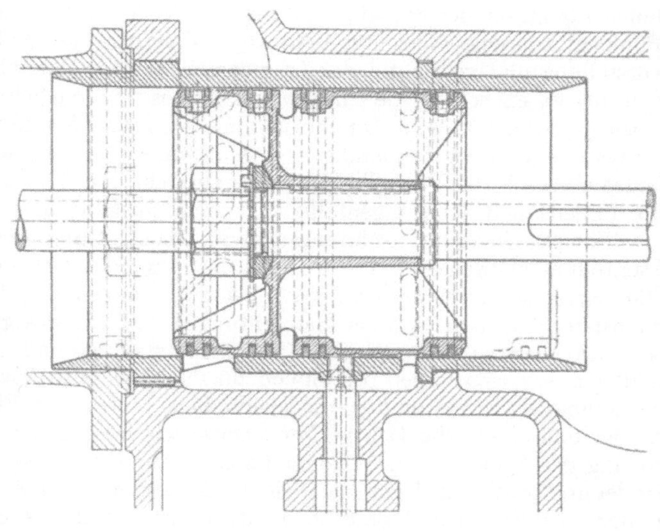

Abb. 27.*

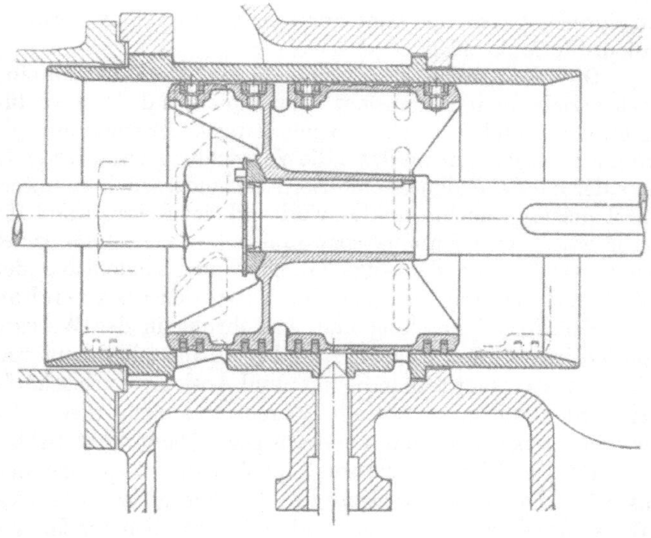

Abb. 28.*

den, ganz abgesehen von dem Aufwande überflüssiger Arbeit. Bei der zeichnerischen Wiedergabe einer langen Ventilspindel genügt die Darstellung von 2—3 Gängen des Gewindes bei Zahn- und Kegelrädern die zweier ineinandergreifender Zähne, während man sich im übrigen der später noch besprochenen sinnbildlichen *Darstellungsweise mit* Vorteil bedient. Häufig wiederkehrende Verstöße sind die folgenden: das Übereinanderzeichnen von Ansichten und Schnitten, eine wegen ihrer Unklarheit völlig verfehlte Darstellungsweise, die auch durch Anwendung verschiedener Strichstärken und Strichlinien in keiner Weise an Deutlichkeit gewinnt. Darstellungen von Schnitten und Projektionen, die nicht die wahren Abmessungen, sondern Verkürzungen zeigen, also unwesentlich sind; die Eintragung von Strichlinien für hinter der Schnittebene liegende Teile (Abb. 27 und 28). Dieser letzte Punkt gibt besonders leicht undeutliche und verwirrende Bilder, stört jede Formenvorstellung und vernichtet den Grundzweck solcher Darstellung, nämlich die Andeutung wesentlicher Teile zur Ersparung eines weiteren Schnittes oder einer neuen Ansicht (Abb. 28). Alle Durchdringungslinien von Körpern müssen genau konstruiert sein, nicht freihändig nach Gutdünken eingezeichnet werden; darunter leidet ebenfalls die Vorstellung, und es entsteht eine Verzerrung, besonders wenn die Linien auch noch augenfällig und stark ausgezogen sind (Abb. 29).

Für alle Werkstattzeichnungen ist Deutlichkeit und größte Einfachheit in der Darstellung erstes Gebot, weil von den ausführenden Arbeitern unter keinen Umständen verlangt werden darf, daß er dem Gedankengang des Konstrukteurs erst nachspürt und dann darüber Betrachtungen anstellt, was gemeint sein kann und bezweckt werden soll. Richtige Formendarstellung und Ausführung in gleichmäßigen, scharfen Linien bestimmen zunächst das gute Aussehen von Maschinenzeichnungen. Unbestimmte, ungleichmäßige Linien mit Flickstellen wirken unsauber und stören die Deutlichkeit ebenso wie falsche und unübersichtliche Verteilung der Projektionen auf dem Papier. Auf klare und deutliche Normschrift ist der größte Wert zu legen, da allein die eingetragenen Maße und die Bemerkungen in der Stückliste grundlegend für die Ausführung in der Werkstatt sind. Kräftiges Ausziehen der sichtbaren Umrißlinien in einer dem Maßstabe entsprechenden Strichstärke erhöht die Deutlichkeit, während die genaue Ausführung von Zeichnungen in dünnen Linien nie oder nur sehr selten gelingt. Für die Genauigkeit bürgen allein die Maßzahlen.

Die Deutlichkeit einer Zeichnung wird erhöht und ein gewisses Maß von Plastik erzielt, wenn die unsichtbaren Linien in der Stärke dünner als die sichtbaren, gestrichelt und in gleichmäßigen, langen Strichen mit gleichmäßigen Zwischenräumen ausgezogen werden. Die Verwendung punktierter Linien, eine Gewohnheit aus der darstellenden Geometrie, ist grundsätzlich zu unterlassen, da dadurch das Bild unruhig, mithin unklar wird und der Zeitaufwand für deren Ausführung zu groß ist. Nur strichpunktierte Linien (—·—·—) als Andeutung von Mittellinien sind zum Zwecke der Augenfälligkeit und Andeutung der Symmetrie gestattet. Maß- und Maßhilfslinien sind haardünn durchzuziehen, nicht zu stricheln.

Für Formdarstellung und Ausführung in der Werkstatt nicht erforderliche, unsichtbare Linien, wie in Abb. 27, dürfen überhaupt nicht gezeichnet werden, damit das Wesentliche in Schnitt und Ansicht um so schärfer hervortritt. Um dies zu verdeutlichen, sei derselbe Gegenstand nach diesen Vorschriften noch einmal wiedergegeben und zum Vergleich gegenübergestellt (Abb. 28).

Für die Werkstoffverwendung sind die entsprechenden Vermerke der Stückliste im allgemeinen maßgebend. Die Schraffur berücksichtigt nicht die Art des Werkstoffes. Nur in einem Sonderfalle, nämlich für Maurer und Bauarbeiter, die im Lesen von Maschinenzeichnungen ungeübt sind, empfiehlt sich eine Schraffur mit Buntstiften der ihrer Bearbeitung unterstehenden Teile zur Verdeutlichung.

Eine plastische Formendarstellung durch Andeutung von Schatten ist für den Arbeiter der Jetztzeit überflüssig, zur Übung des Anfängers am Konstruktionstisch jedoch von Bedeutung, wenn er sich dabei der einfachsten und sinnfälligsten Mittel bedient. Die perspektivische Darstellung von Maschinenteilen in Freihandskizzen fördert die Ausbildung der Formen- und Raumvorstellung, einer der wichtigsten Ingenieureigenschaften, die sich jeder aneignen und dauernd vervollkommnen muß.

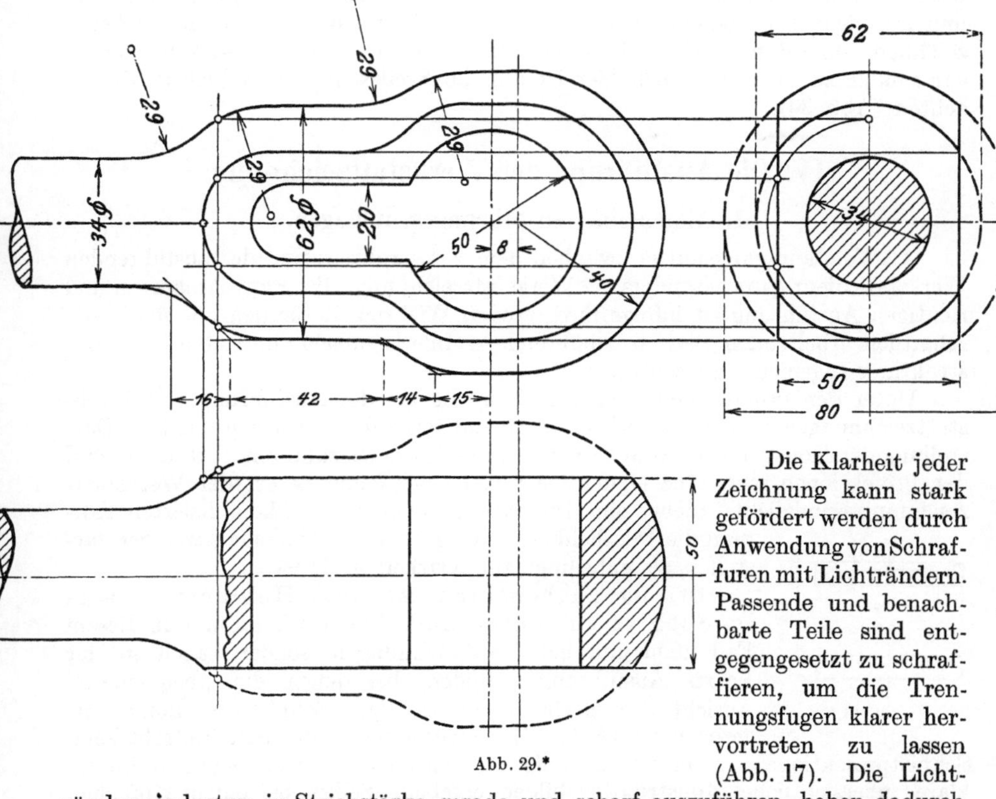

Abb. 29.*

Die Klarheit jeder Zeichnung kann stark gefördert werden durch Anwendung von Schraffuren mit Lichträndern. Passende und benachbarte Teile sind entgegengesetzt zu schraffieren, um die Trennungsfugen klarer hervortreten zu lassen (Abb. 17). Die Lichtränder sind etwa in Strichstärke gerade und scharf auszuführen, heben dadurch die Paßstellen hervor und bewirken Anschaulichkeit und Klarheit. Dieser Gesichtspunkt sollte bei allen Zeichnungen strengste Beachtung und Durchführung finden, selbst bei einfachen Handskizzen; denn hier sind solche Mittel am allernotwendigsten, da von vornherein Unsicherheit und Mangel an Handfertigkeit

Abb. 30.*

die gewünschte Klarheit hindern. Die Unterlassung der Lichtränder mindert den Wert der Zeichnung, weil die Deutlichkeit in Frage gestellt ist. Als Beispiel dafür können Zeichnungen aus dem Patentblatt angeführt werden, die diesen Mangel vielfach aufweisen.

Die Anbringung von Schattierungen erfordert viel Zeit und Geschmack des Herstellers. Hierbei kommt es natürlich nicht darauf an, geometrisch einwandfreie Schlagschatten zu konstruieren; diese würden vielmehr die Deutlichkeit und Über-

sicht der Zeichnung stören, sondern es muß zu einem einfachen Hilfsmittel gegriffen werden, das ohne allzu großen Zeitaufwand und große Kosten hergestellt
werden kann. Die Schattierung soll sich nur auf die Hervorhebung zylindrischer
und kugeliger Teile beschränken und den Charakter der Form besonders kennzeichnen, ohne dabei auf die Formbegrenzungslinien störend zu wirken oder sie
gar unklar zu machen. Auch hier ist auf die Freilassung eines Lichtrandes zu
achten (Abb. 30).

IV. Die Ausführung der Werkstattzeichnung.

1. Allgemeine Ausführungsgrundlagen.

Als Verständigungsmittel zwischen dem Konstrukteur und der ausführenden
Werkstatt dient ganz besonders die Werkstattzeichnung. Ihrer zweckmäßigen und
richtigen Ausführung ist infolge ihrer großen Wichtigkeit für den gut und wirtschaftlich arbeitenden Betrieb gebührende Aufmerksamkeit von seiten des Konstruktions-Ingenieurs zu schenken.

Unter den grundlegenden Einzelheiten, die bei der Ausführung von Werkstattzeichnungen immer wiederkehren, ist zunächst die richtige projektive Darstellung der Konstruktionsform zu nennen. Sie ist so auszuführen, daß die Anzahl
der Projektionen stets eine eindeutige und erschöpfende Lesart der Werkstattzeichnung ermöglicht. Lieber eine Projektion zuviel, um bei komplizierten Körpern die Deutlichkeit zu vergrößern, aber niemals weniger darstellen, als unbedingt zur Klarheit nötig ist.

Streng zu beachten ist, daß Hohlkörper stets
im Schnitt zu führen sind. Vielfach kann man in diesem
Fall nicht nur bei Schulzeichnungen, sondern auch in der
Praxis Ausführungen finden, bei denen die „bequemere"
Ansicht der hierbei allein richtigen Schnittdarstellung vorgezogen ist (Abb. 19). Überhaupt sollte man bestrebt sein,
Schnittprojektionen soviel wie angänig zu konstruieren, weil Schnitte immer
klare, übersichtliche Konstruktionsbilder ergeben. Selbst bei einem einfachen
Gegenstand, wie der in Abb. 31 dargestellte Grundring, kostet das Konstruieren
eines Schnittes nicht mehr Zeit und Arbeit als die Ausführung der Ansicht.
Andererseits jedoch können Körper, die größtenteils aus Platten und Rippen
zusammengesetzt sind, in Ansicht gezeichnet werden (Abb. 32).

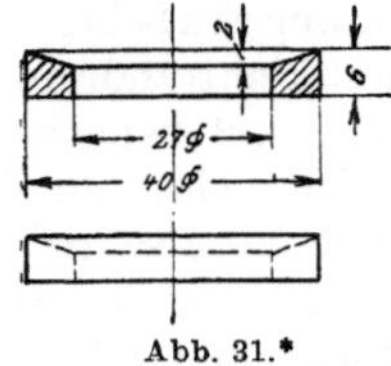

Abb. 31.*

Außer der richtigen projektiven Darstellung der Werkteile ist die Eintragung
zweckentsprechender Maße von größter Bedeutung, worüber noch ausführlich gesprochen werden soll. Doch ist hier schon darauf hinzuweisen, daß stets die eingetragene Maßzahl für die Ausführung maßgebend, die bildliche Darstellung nur
für die Formgebung im allgemeinen entscheidend ist. Der Arbeiter in der Werkstätte darf also nicht mit dem Maßstab die Maße aus der Zeichnung abmessen,
sondern soll nur die Zahlen ablesen. Trotzdem sind alle Gegenstände
maßstäblich darzustellen. Abweichungen oder nachträgliche Änderungen sind durch Unterstreichen der Maßzahlen kenntlich zu
machen.

Die Werkstattzeichnung muß in einem bestimmten Maßstab gefertigt sein.
Hierfür ist stets die natürlich Größe vorzuziehen, da dem Konstrukteur das
Einfühlen in diesen Maßstab für die Bemessung von Wand- und Rippenstärken
und anderen rein konstruktiven Größen hierbei am sichersten und natürlichsten
gelingt und damit eine sachgemäße und richtige Ausbildung der Einzelheiten gewährleistet wird. Zu anderen Maßstäben greift man nur in wenigen Fällen. Kleinere

Maßstäbe sind bei Angebots-, Zusammenstellungs-, Montagezeichnungen und Übersichtsplänen (Tafel 1 und 3) sowie bei übermäßig großen Werkstücken, z. B. Zylindergußstücken von Schiffsdampfmaschinen, anzuwenden, während Darstellungen in übernatürlicher Größe nur ausnahmsweise bei sehr kleinen Werkstücken mit starker Bemaßung, z. B. in der Massenherstellung oder bei der Anfertigung von Lehren, vorkommen können. Durch den Normenausschuß der deutschen Industrie sind außer der natürlichen Größe folgende Maßstäbe genormt: für Verkleinerungen 1 : 2,5, 1 : 5, 1 : 10, 1 : 20, 1 : 50, 1 : 100 ..., für Vergrößerungen 2 : 1, 5 : 1, 10 : 1 ... (DIN 823, s. Anhang S. 45). Dabei ist „der Maßstab der Zeichnung im Schriftfeld der Stückliste (DIN 28, Bl. 2, s. Anhang S. 56 und Tafel 2) anzugeben, alle hiervon abweichenden Maßstäbe (Verkleinerungen oder Vergrößerungen) sind in kleinerer Schrift aufzuführen und bei den zugehörigen Darstellungen zu wiederholen".

Inhaltlich unterscheidet man Werkstattzeichnungen für Zusammenstellungen und für Einzelteile bzw. Verbindungen zwischen beiden Arten. In letzterem Falle setzt man die Zusammenstellung als Schnittbild über die Stückliste und unterteilt die übrigbleibende Zeichenfläche in kleinere Teilblätter für die Darstellung der Einzelteile (Teilblattverfahren). Der Vorteil des Teilblattverfahrens beruht darauf, daß sich Lichtpausen nach solchen Werkstattzeichnungen in die einzelnen Teilblätter bequem zerschneiden lassen. Diese gehen meist an die Lohnkarte geheftet den einzelnen Bearbeitungswerkstätten zu. Zu-

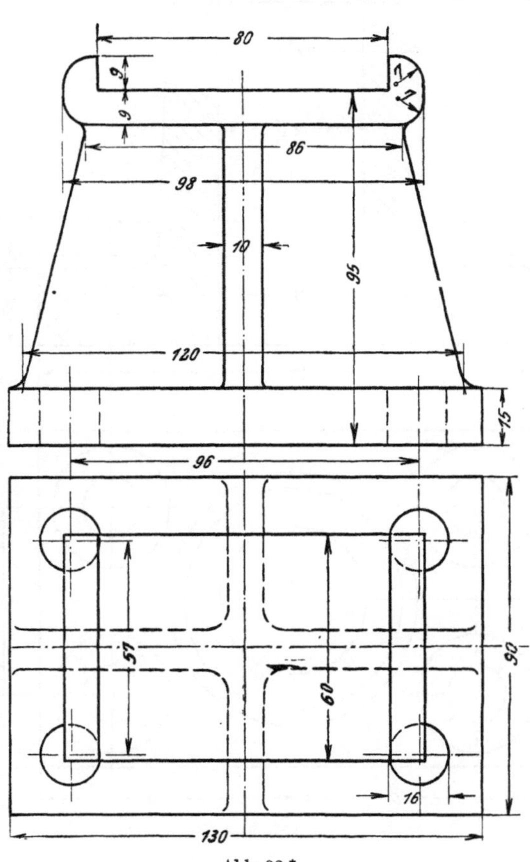

Abb. 32.*

sammenstellung und Stückliste gehören in die Schlosserei und Montage. Für den Zusammenbau ist das Schnittbild unentbehrlich. Auch die Stückliste ist hierbei sehr wichtig, da nach ihr alle verwendeten Lager- und Normteile wie Schrauben, Muttern, Scheiben, Stifte, Splinte usw. den Lagern entnommen werden.

Die Werkstattzeichnung wird gewöhnlich in sauberen, kräftigen Bleilinien mit vollständiger Angabe der Bemaßung, Bearbeitung, Stückliste und Schraffur entworfen. Von diesem Bleientwurf wird eine Tuschpause (Stammpause) angefertigt, die die Unterlage für die daraus zu fertigenden Lichtpausen bildet. Alle Lichtpausverfahren verlangen Linien und Beschriftung der Stammpausen in schwarzer Tusche, wenn ein klarer Abzug möglich sein soll. Bei der Herstellung der Tuschpause muß man sich zunächst über die auszuführenden Strichstärken im klaren sein. Für ausgezogene Linien (Vollinien), die die sichtbaren Umrißlinien des Werkstückes bilden, wählt man gewöhnlich eine Strichstärke von 1,2 mm für den Maßstab 1 : 1, wobei man Durchdringungen und Bruchlinien schwächer hält (0,6 mm). Alle verdeckt liegenden Linien werden gestrichelt (Strichlinien) und halb so stark wie die sichtbaren Linien gezeichnet (0,6 mm). Etwas schwächer als die verdeckten Linien führt man Mittellinien aus (0,4 mm), und zwar strichpunktiert.

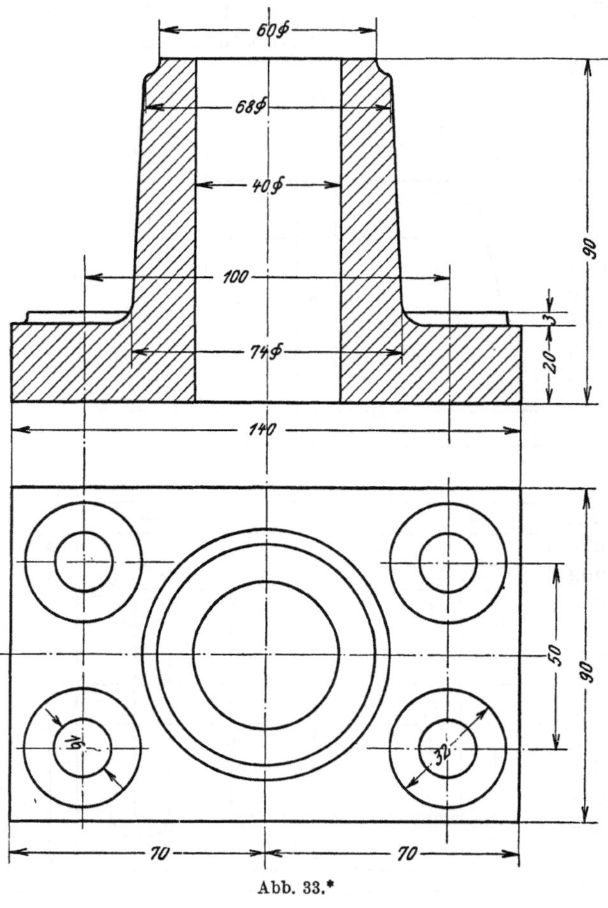

Abb. 33.*

Endlich macht man Maß- und Maßhilfslinien (Vollinien) etwa 0,3 mm stark, sie fallen also sehr fein und dünn aus (DIN 15, s. Anhang S. 49 ff.). Bruchlinien, schwach gekrümmt, werden freihändig mit der Reißfeder oder Zeichenfeder gezogen und sind nicht stärker als Strichlinien zu machen (DIN 36, s. Anhang S. 51 ff.).

Für kleinere Maßstäbe wird die Strichstärke der Zeichnung entsprechend der Verkleinerung schwächer gehalten, doch geht man bei Vergrößerungen im allgemeinen nicht über 1,2 mm Linienstärke hinaus. Nach Ausziehen der Umriß- und Maßlinien sind die Schnittflächen hervorzuheben. Es kommt nur die Ausführung durch Schraffieren in Frage, und zwar in schwarzer Tusche. Die Ausführung der Schraffur erfolgt zweckmäßig so, daß größere Schnittflächen weiter und kleinere enger schraffiert werden, wobei die Schraffurlinien in der Stärke der Maßlinien auszuführen sind. Sehr kleine Flächen werden mit schwarzer Tusche angelegt unter Innehaltung eines Lichtrandes (DIN 36, s. Anhang S. 52).

Die verschiedenen Linienstärken auf den Tuschpausen lassen bei sorgfältiger Ausführung trotz starker Belastung der Zeichnung durch Vermaßung, Schraffur, Bearbeitungsangaben alles klar erkennen. Die äußere Form tritt deutlich hervor, und die Arbeit der Werkstatt wird so erleichtert und gefördert.

Schließlich ist noch eine kurze Bemerkung über die Blattgröße der Werkstattzeichnung am Platz, für die die Festsetzungen des Deutschen Normenausschusses maßgebend sind (DIN 823, s. Anhang S. 45), aus der das Notwendige hervorgeht.

2. Mittellinien und Bemaßung.

Die Ausführung einer Werkstattzeichnung beginnt man stets mit der Aufzeichnung der Mittellinien. Sie bilden das Gerippe jedes zu entwerfenden Konstruktionsteils, dessen Aufbau man von innen nach außen fördert, nicht umgekehrt. In Abb. 24 folgt dem Festlegen der Mittellinien die Auftragung der Spindel, danach Stopfbuchsen, Grundring usw. Bei dieser Art der Arbeit ist eine systematische Entwicklung der Konstruktion möglich und eintretender Raummangel wie beim umgekehrten, falschen Weg unmöglich. Als Mittellinien gelten durchweg Symmetrielinien; die Maßeintragung muß man stets auf diese beziehen. Hierbei vereinfacht sich die Bemaßung insofern, als man wie in Abb. 33 bei symmetrischen Körpern Maße direkt von Kante zu Kante mißt und einschreibt; z. B. Plattenlänge 140 mm, nicht wie im Grundriß 2 × 70 mm. Dagegen muß man bei unsymmetrischen Körpern (Abb. 34) stets die Teilmaße geben, also hier 60 und 80 mm; die Bohrung des Halslagers ist als das Primäre der Konstruktion anzusehen. Aus diesem Grunde müssen die Maße der Platte auf die Symmetrieachse des Halslagers bezogen werden (Ab-

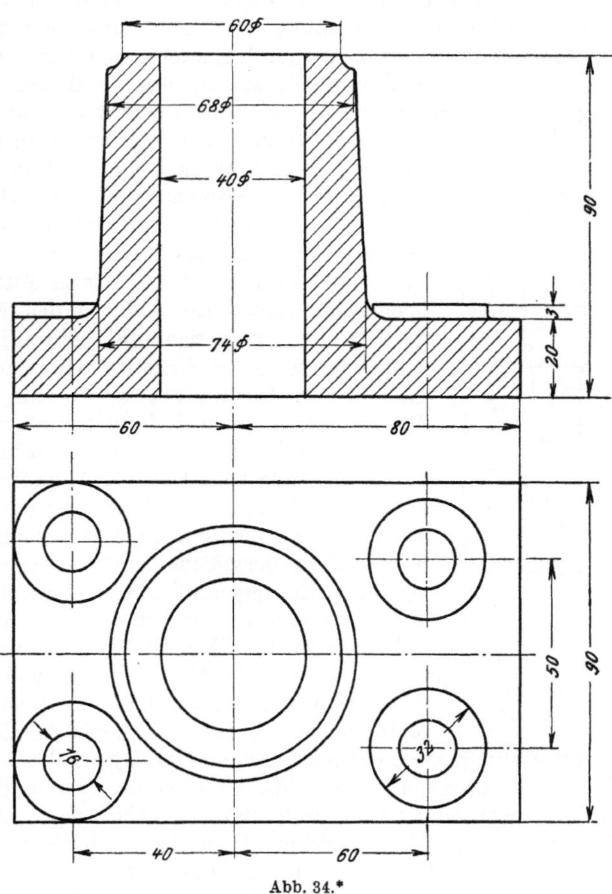

Abb. 34.*

bildung 34). Das Beziehen der Maße auf die Mittellinien erleichtert in der Werkstatt das Anreißen der rohen Gußstücke.

Das Haupterfordernis bei der Festsetzung der Maße besteht darin, daß die Maßeintragung eine Herstellung des Werkstückes, und zwar in der richtigen, dem Bearbeitungsvorgang entsprechenden Reihenfolge (Abb. 12), gestattet. Hat der Konstrukteur diese Maße bestimmt, so sind sie deutlich und einwandfrei in die Zeichnung einzutragen unter Berücksichtigung vorhandener Modelle, Lagervorräte und Normen. Obwohl die meisten Werkstücke mehrere Werkstätten durchlaufen, in denen der Bearbeitungsvorgang verschiedene Bemaßung erfordert, ist doch nur eine Werkstattzeichnung anzufertigen, die diesen mannigfachen Ansprüchen gerecht werden muß. Daher müssen in ihr alle Maße enthalten sein, welche in den einzelnen Herstellungsstadien benötigt werden. Darstellungsweise wie Bemaßung sind auf das fertig bearbeitete Werkstück zu beziehen, so daß z. B. dem Modelltischler keine besonderen Anweisungen über die Höhe der Werkstoffzugaben gemacht werden. Da diese Zugaben nur bei zu bearbeitenden Flächen in Frage kommen, vermittelt ihm lediglich die Art der Bearbeitungsangabe in der Zeichnung diese Kenntnis. Zu beachten ist, daß die ausführende Werkstatt sich nur an die eingeschriebene Maßzahl zu halten hat, also nicht in der Zeichnung Maße durch Nachmessen feststellen darf, da nicht immer Konstruktionsbild und Vermaßung in der Zeichnung übereinstimmen; denn Ungenauigkeiten infolge Umpausens und Kopierens sind möglich und nachträgliche Änderungen der Konstruktion nicht selten. Für die Maßeintragung gilt ferner als wichtig, daß sie deutlich und übersichtlich anzuordnen und nur in einer Projektion vorzunehmen ist, und zwar stets in der, in welcher Form und Charakter des Körpers am besten zu erkennen sind und in welcher die Maße bei dem jeweiligen Bearbeitungsvorgang gesucht werden.

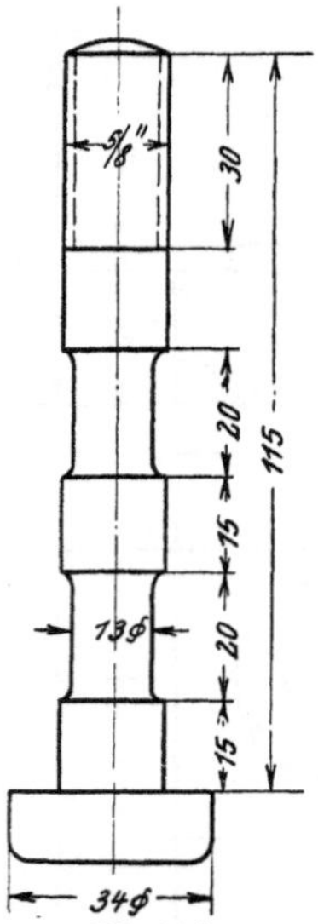

Als Hauptmaße gelten Entfernungen der Mittellinien untereinander (vgl. in Abb. 30 die Entfernung der Lagermitten 900 bzw. 1100 mm), Entfernung von Mittellinien zur nächsten bearbeiteten Kante (in Abb. 19 das Maß 160 mm vom oberen Flansch bis zur horizontalen Mittellinie) und Entfernung von Arbeitskante zu Arbeitskante, wie in den Abb. 33, 34 das Maß der Gesamthöhe des Lagerbockes 90 mm. Besonders in Richt- oder Montagezeichnungen sind Hauptmaße anzuwenden (Tafel 3). Sie sind an bevorzugter Stelle leicht auffindbar wiederzugeben.

Rein äußerlich darf bei Anhäufung von Maßen das Konstruktionsbild nicht überladen werden, weil die Form des Werkstückes dann nicht mehr klar erkenntlich ist. Verteilung der Maße auf die verschiedenen Projektionen derart, daß sich in jeder von ihnen die augenfälligsten und wichtigsten, Neues berichtenden Maße befinden, ist dagegen die beste Abhilfe. Andernfalls müssen die Maße mittels Maßhilfslinien herausgezogen werden. Ebenso falsch ist es, alle Maße herauszuziehen zum Zwecke der Verdeutlichung der Form; denn die Bemaßung erfordert bei dieser Methode viele lange Maßhilfslinien, die beim Ablesen Grund zu

Abb. 35.*

Verwechslungen und Irrtümern geben. Das Gegenteil, alle Maße zwischen die Körperkanten zu schreiben, ist gleichfalls zurückzuweisen, da die Werkstattzeichnung dadurch vollständig unklar und unübersichtlich wird. Am besten geht man vor, indem man in jede Projektion die dorthin gehörigen Maße einträgt. Weiter ist zu verwerfen, Maße mit den Mittellinien zusammenfallen zu lassen oder sie zu dicht an die Umrißlinien zu setzen. Beides ruft Unklarheiten und Undeutlichkeiten hervor. Die Maßzahlen werden in die dafür vorgesehenen Unterbrechungen der Maßlinien in Normschrift eingetragen und müssen auf den Maßlinien stehen (Abb. 33, 34); Maßzahlen für vertikale Maßlinien sind stets von der rechten Seite aus (vertikal) einzutragen, obwohl die andere Art für das Lesen der Zeichnung bequemer wäre. Dadurch besteht jedoch die Gefahr des Kreuzens der Maße und daraus folgender Irrtümer (Abb. 35). Bei Bemaßung von Einzelteilen ist es zweckmäßig und hebt die Übersicht, wenn man erst die Teilmaße bestimmt und dahinter das Summenmaß setzt (Abb. 35).

Ein sehr viel benutztes Maß ist der Durchmesser. Seine Verwendung ist besser als die des Radius, da z. B. bei Bohrungen und zylindrischen Körpern die Werkstätten infolge der Benutzung von Schublehren, Tastern, Dornen und Kalibern auf das Messen von Durchmessern eingestellt sind. Daher ist es angebracht,

in solchen Projektionen zylindrischer Körper, in denen die Kreislinie nicht
sichtbar ist, die Lesbarkeit der Zeichnung durch Anwendung des Durchmesser-
zeichens $\varnothing$ zu unterstützen; es wird erhöht rechts neben die Maßzahl gesetzt.
Dadurch wird die zweite Projektion rein zylindrischer Körper überflüssig.
Entsprechend wird für Vierkante vierseitiger Flächen das Quadratzeichen $\square$
verwendet. Bei Krümmungsradien dagegen wird nur die Maßzahl eingeschrieben
und zur Unterscheidung gegen andere Maße der Mittelpunkt mit einem Nullkreis
versehen; liegt dagegen der Mittelpunkt auf einem Mittellinienkreuz, ist der
Nullkreis fortzulassen (Abb. 29). Hervorzuheben ist noch, daß die Maße in der
Werkstattzeichnung stets in der gleichen Dimension anzugeben sind, d. h. auf
Zeichnungen für deutsche Werkstätten in Millimetern.

3. Passungen und Toleranzen.

Werkstücke, die ineinandergesteckt werden bzw. sich gegeneinander bewegen
sollen, müssen durch besondere Paßangaben bezeichnet werden. Es genügt z. B.
nicht, in Welle und Lager das gleiche Maß 50 mm $\varnothing$ einzutragen; denn entweder
muß die Welle kleiner als 50 mm $\varnothing$ ausgeführt werden bei einer Lagerbohrung
von netto 50 mm $\varnothing$ oder umgekehrt. Das Spiel oder die Toleranz zwischen
Wellen- und Lagermaß soll die Werkstatt nicht durch „Einpassen" nach Gutdünken herstellen, sondern es müssen exakte und erschöpfende Paßangaben in
der Werkstattzeichnung gemacht werden.

Allgemein versteht man unter Passung die Beziehung zwischen zusammen-
gehörigen Werkstücken und ihrem Spiel. Planmäßig aufgebaute Passungen heißen
ein Paßsystem. Die Dinormen haben zwei Paßsysteme: System der Einheitsbohrung und System der Einheitswelle. Bei beiden Systemen
kann man vier Gütegrade je nach den Anforderungen an die Genauigkeit
unterscheiden: Edel-, Fein-, Schlicht- und Grobpassung (DIN 776, s. Anhang S. 53);
dabei sind die Toleranzen der Werkstücke für die vier Gütegrade zunehmend ge-
stuft, d. h. die Edelpassung hat die kleinsten und die Grobpassung die größten
Toleranzen. In jedem der beiden Paßsysteme verwendet man zwei Arten von
Paßsitzen, Bewegungssitze (Lauf- und Gleitsitz), wenn so viel Spiel vorhanden ist, daß die Werkstücke gegeneinander betriebsmäßig bewegt werden
können (z. B. Lager und Welle), und Ruhesitze (Schiebe-, Haft-, Treib-, Fest-
und Preßsitz).

Die beiden Paßsysteme unterscheiden sich untereinander darin, daß im
System der Einheitsbohrung die Bohrungen für alle Gütegrade das Nettomaß
erhalten, während die Wellen um das für den entsprechenden Sitz erforderliche
Spiel kleiner sind. Umgekehrt werden im System der Einheitswelle alle Wellen
im Nettomaß ausgeführt, und die Bohrungen sind um das Spiel größer. Vergleicht
man beide Systeme bezüglich ihrer Vorzüge, ergibt sich, daß die geringeren An-
schaffungskosten der Werkzeuge und Lehren für die Einheitsbohrung und die
Ersparnisse an Bearbeitungskosten infolge glatter Wellen bei der Einheitswelle
wesentlich erscheinen. Allgemein sei noch bemerkt, daß das Ziel aller Passungen
eine Austauschbarkeit der gleichen Werkstücke untereinander ohne zeitraubende
Nacharbeit ist.

Die Größe der Toleranz ist auch vom Durchmesser der Welle abhängig. Nach
Dinorm ist dafür als Paßeinheit zugrunde gelegt:

$$1\,\mathrm{PE} = 0{,}005 \cdot \sqrt[3]{D},$$

worin D der Durchmesser des Werkstückes in Millimetern ist.

Passungsbeispiele aus den Verwendungsgebieten des Maschinenbaues lassen sich nur in großen Umrissen angeben. Verwendung der Edelpassung zweckmäßig nur für Präzisionsmaschinen und Instrumente, insbesondere für hochwertige Teile von Werkzeug- und Meßmaschinen. Feinpassung für Werkzeugmaschinen, Kraftfahrzeuge, Regulatoren und hochwertige Teile des allgemeinen Maschinenbaues, Schlichtpassung für den allgemeinen Maschinenbau, für hochwertige Teile im Lokomotivbau und in der Feinmechanik. Grobpassung für Lokomotiv- und Eisenbahnwagen-, Apparate-, Landmaschinen- und Haushaltungsmaschinenbau.

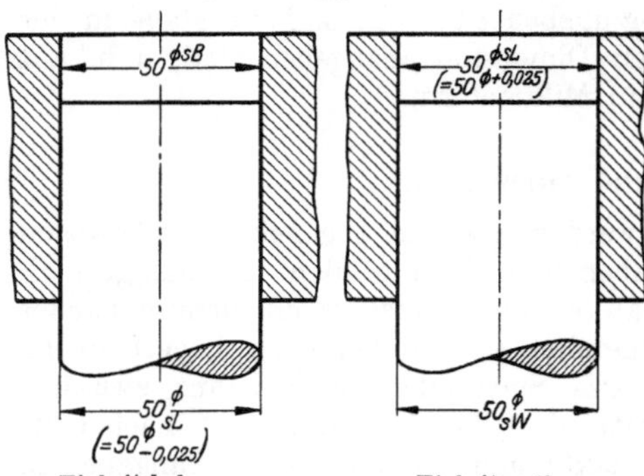

Einheitsbohrung.   Einheitswelle.

Abb. 36.*

Bei der Wahl des Passungsgütegrades muß das Bestreben obwalten, möglichst große Toleranzen zu verwenden, um bei der Fertigung von Maschinen Kostenersparnisse an Werkzeugen und Lehren und damit eine Verbilligung zu erzielen. Diese würde bei der Sucht nach Verfeinerung hinfällig werden.

Bei der Maßeintragung von Passungen werden die in Abb. 36 an. gegebenen Passungskurzzeichen angewendet. Das Beispiel der Abbildung zeigt die Vermaßung von Lager und Welle für beide Systeme. Es wurde der Gütegrad Schlichtpassung und der Bewegungssitz Laufsitz (Schlichtlaufsitz) zugrunde gelegt. Die größeren Bohrungsmaße werden erhöht neben die Maßzahl und die kleineren Wellenmaße tiefer gesetzt. Die ziffernmäßige Auswertung des Passungskurzzeichens steht in Klammern.

Kommt ein gröberer Gütegrad als der Grobpassungsgrad in Frage, verwendet man große Spiele, für die die Mindestwerte von 0,5, 1, 2, 3, 4 mm sind. Die großen Spiele werden in der Zeichnung nur durch Vermaßung gekennzeichnet, z. B. bei 1 mm Spiel Welle 50 mm $\varnothing$, Bohrung 51 mm $\varnothing$. Ein gleiches Nennmaß für Welle und Bohrung wie in Abb. 36 wird nicht angegeben. Die großen Spiele gehören daher nicht mehr zu den Passungen im engeren Sinne.

4. Bearbeitungsangabe und Stückliste.

Die Bearbeitungsangabe wird zeichnerisch und, wenn erforderlich, auch durch schriftliche Vermerke in der Werkstattzeichnung kenntlich gemacht.

Die Oberflächen von Werkstücken, die nicht roh bleiben, sondern in den mechanischen Werkstätten (Dreherei, Fräserei, Hobelei, Bohrerei, Schleiferei usw.) bearbeitet werden sollen, müssen besonders bezeichnet werden. Dies geschieht durch die genormten Bearbeitungszeichen (DIN 140, Bl. 1, s. Anhang S. 54).

Jedem Oberflächenzeichen entspricht eine bestimmte Oberflächengüte. Keine Zeicheneintragung bedeutet Rohbleiben der Flächen des Werkstückes (Guß- oder Walzhaut, geschmiedete oder gezogene Flächen). Dagegen bedeutet das Ungefährzeichen ($\sim$), daß die rohe Oberfläche durch sauberen Guß oder durch Nacharbeit (Meißeln und Feilen von rauhen Stellen) verbessert werden soll. Die Schruppfläche (∇) weist einen vom Hobeln, Fräsen, Drehen herrührenden fühlbaren Span auf. Durch zwei Dreiecke wird die Schlichtfläche ($\nabla\!\nabla$) bezeichnet; der noch sichtbare Span darf nicht mehr zu fühlen sein. Für Sonderbearbeitungen, z. B. Feinschleifen, Schaben, Polieren, genügt die Anmerkung durch zwei Dreiecke nicht; diese Teile sind durch drei Dreiecke ($\nabla\!\nabla\!\nabla$) zu bezeichnen. Hierbei soll der Span unsichtbar sein. Als Beispiele für Sonderbearbeitungen seien genannt: Zylinderbohrungen, Schieberspiegel, Lagerlaufflächen, metallische Dichtungsflächen, Meß- und Werkzeugflächen. Beim Schruppen und Schlichten von Gußkörpern ist darauf zu achten, daß diese mit Bearbeitungszugabe versehen sind; andernfalls muß durch Einhaken des Stahls in das Werkstück infolge mangelnden Auslaufes mit dem sofortigen Stumpfwerden oder Abbrechen des Werkzeuges gerechnet werden. Anwendungsbeipiele für die einzelnen Bearbeitungsvorgänge sind aus der DIN 140, Bl. 1, s. Anhang S. 54, zu entnehmen.

Oberflächenzeichen werden nicht eingetragen bei Gewinden, Keilnuten und Löchern, wenn sie aus dem Vollen gebohrt oder gestanzt werden.

Die Oberflächenzeichen setzt man zweckmäßig in die Nähe der zugehörigen Maße und bei Platzmangel auf die Maßhilfslinien; denn mit dem Ablesen der Maße soll über die Oberflächengüte gleichzeitig Aufschluß gegeben werden. Wie bei der Vermaßung ist das Flächenzeichen nur in einer Projektion anzugeben. Ist ein Werkstück in der gleichen Oberflächengüte allseitig bearbeitet, kann man das Zeichen neben die Projektionen oder neben die Teilnummern setzen (Abb. 21). Beim Vorliegen von Paßmaßen, bei denen die Bearbeitung vorausgesetzt werden muß, gibt man dennoch Oberflächenzeichen an.

Außer den Bearbeitungsangaben muß man notwendigerweise Angaben über die weitere Behandlung von Werkstücken machen. In DIN 200, Bl. 1 können Bezeichnungen der im Maschinenbau am häufigsten vorkommenden Behandlungsverfahren eingesehen werden, von denen einige angeführt seien:

Rohbehandlung: abblasen, abzundern, schneiden (mit Schneidbrenner), stanzen, sägen;

Wärmebehandlung: ausglühen, härten, vergüten;

Verschönernde Behandlung: blank machen, polieren, ätzen, beizen, hämmern;

Überzug: streichen, spritzen, lackieren, emaillieren, verzinnen, verkupfern, brünieren, Überziehen mit Gummi;

Verbindungen: kleben, leimen, einkitten, löten, schweißen, einwalzen, bördeln, aufpressen, aufschrumpfen;

Dichtungen: dichten, stemmen, vergießen;

Verschiedenes: Probedruck, isolieren, imprägnieren, drücken, prägen, lochen, rändeln, kordeln.

Alle diese Behandlungsangaben werden mittels Bezugshakens dem Oberflächenzeichen angefügt. In DIN 200, Bl. 2, s. Anhang S. 55, sind einige Beispiele angeführt.

Auf der fertigen und mit der Bearbeitungs- und Behandlungsangabe versehenen Werkstattzeichnung sind nun alle, auch die kleinsten Einzelteile, durch eine Teilnummer in auffälliger, leicht sichtbarer Weise zu kennzeichnen. Die Teilnummern müssen mit der entsprechenden Nummer des Werkstückes in der S t ü c k liste übereinstimmen, in welcher ein kurzes Nationale des Werkteiles, Stückzahl, Werkstoff, Gewicht, Modell- oder Lagernummer betreffend, gegeben werden soll. Gewöhnlich ist die Reihenfolge der Teile in der Stückliste die, daß man mit den Gußstücken beginnt, die Schmiedeteile folgen läßt, während kleinere Teile, wie Schrauben, Niete, Stifte, Splinte, die meist den Lagerbeständen entnommen werden und deren Lagernummern daher in der Stückliste vermerkt werden müssen, den Schluß bilden. Diese Teile sind vielfach genormt; aus diesem Grunde darf die Angabe der Dinblattnummer in der Spalte „Benennung und Bemerkung" nicht vergessen werden, weil dadurch die Übersicht erleichtert wird.

Die Form und Ausführung der Stückliste (DIN 28, Bl. 2, s. Anhang S. 56) ist den Dinormen entnommen. In ihr müssen stets folgende wichtigen Angaben enthalten sein: Die Benennung des Gesamtgegenstandes als Aufschrift der Zeichnung

im Schriftfeld sowie der Maßstab. Sodann in der Reihenfolge der Teilnummern
die Einzelteile des Gegenstandes (Benennung) und im selben Feld Bemerkungen
über Gewinde, Dinblattnummern, ferner Bezeichnung des Werkstoffes evtl. mit
Rohmaßen wie beim Schmieden, Gewichtsangabe für Roh- und Fertiggewicht,
bei Gußteilen mit schon vorhandenem Modell die Modellnummer, bei Lager- oder
Normteilen die Lager- oder Normennummer. Vor die Bezeichnungen ist die Stückzahl jedes Einzelteiles zu setzen, evtl. bei verschiedener Bauart Anzahl der Stücke
nach Ausführung „a—c". Im Schriftfeld muß der Name und die Abteilung der ausführenden Fabrik stehen; der des Konstrukteurs und des Prüfers sind mit Datums-
angabe einzutragen (DIN 28, Bl. 2, s. Anhang S. 56). Stückliste sowie Nummer
der Zeichnung werden zweckmäßig in die untere rechte Ecke des Zeichenblattes
gesetzt, 10 mm vom Rand der beschnittenen Lichtpause entfernt, was beim Auf-
suchen im Archiv ein bequemes Durchblättern gestattet (DIN 823, s. Anhang
S. 45). Die Eintragungen in Stückliste und Schriftfeld sind in sauberer Normschrift vorzunehmen, wobei für die Ausfertigung der Stückliste von Hand die
3,5 mm hohe Schrift anzuwenden ist (DIN 28, Bl. 2, s. Anhang S. 56). Auf die
sorgfältige und richtige Anfertigung der Stückliste ist großer Wert zu legen, wenn
bei der Fertigung Irrtümer und Störrungen vermieden werden sollen.

5. Änderungen von Werkstattzeichnungen.

Ist eine vorhandene Werkstattzeichnung infolge eines neuerteilten Auftrages
oder Verbesserung der Konstruktion zu ändern, empfiehlt es sich, bei wesent-

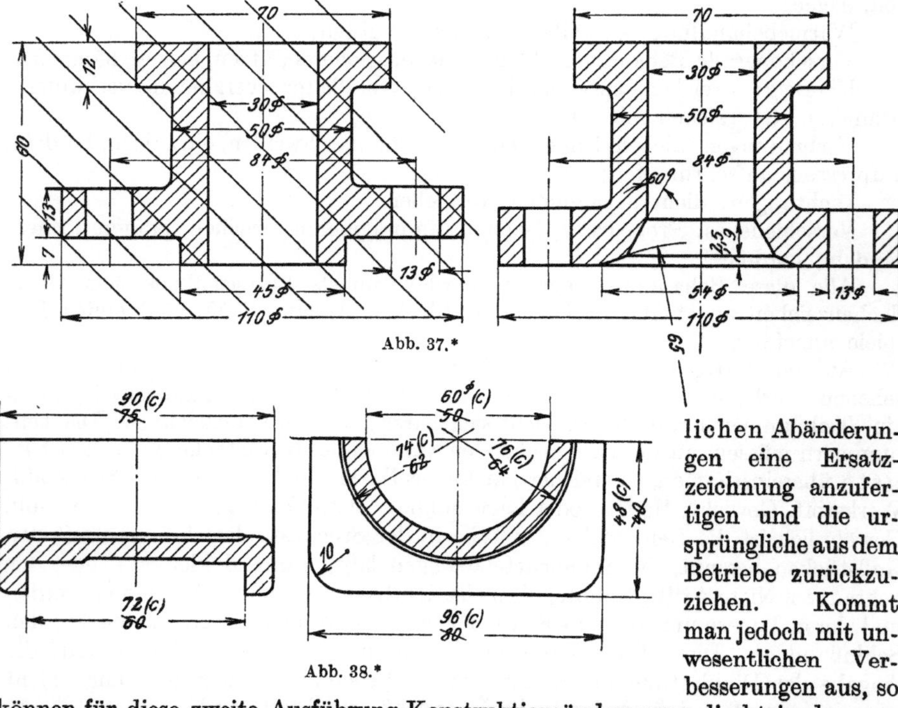

Abb. 37.*

Abb. 38.*

lichen Abänderun-
gen eine Ersatz-
zeichnung anzufer-
tigen und die ur-
sprüngliche aus dem
Betriebe zurückzu-
ziehen. Kommt
man jedoch mit un-
wesentlichen Ver-
besserungen aus, so
können für diese zweite Ausführung Konstruktionsänderungen direkt in der vorhandenen Werkstattzeichnung vorgenommen werden durch Wegstreichen des fraglichen Teils, während der abgeänderte daneben gezeichnet wird (Abb. 37). Jedoch
müssen dann entsprechende Angaben in der Stückliste gemacht werden. Bei Maß-

änderungen ist gleichfalls das ursprüngliche Maß schräg durchzustreichen und das berichtigte darüber- oder danebenzusetzen mit der neuen Ausführungsbezeichnung („c" in Abb. 38). Die Benutzung vorhandener Modelle für die Neuausführung gehört hierher, wenn es sich um geringe Änderungen unter Berücksichtigung der Herstellungskosten handelt. Doch ist es nötig, hierbei stets für klare eindeutige Darstellung in der Zeichnung zu sorgen, da sonst auf irgendwelche Ersparnisse nicht gerechnet werden kann. Rein schriftliche Angaben über Abänderungen verlangen keine neue Zeichnung, sondern können in ihr angegeben werden, z. B. „Ausführung nach eingesandtem Stichmaß", „Nicht durchbohren", Probedruck 30 statt 25 at" u. a. m.

6. Sonderwerkstattzeichnungen.

Sonderwerkstattzeichnungen sind in ihrer Darstellung und Bemaßung anders zu behandeln als die normalen Werkstattzeichnungen. Da hierher Montierungs-, Rohr- und Fundamentpläne sowie Gesamtdarstellungen von Maschinenanlagen gehören, die in kleinerem Maßstab ausgeführt werden, so hat man bei der Formdarstellung immer den besonderen Zweck im Auge zu behalten und bei der Bemaßung auf Hauptmaße und solche der Eigentümlichkeit des Zweckes entsprechende zu sehen. Allgemein dienen die Übersichtspläne zur Festsetzung der zweckmäßigen Aufstellung der Maschine. Hierbei ist anzugeben, welcher Raum von der Maschine selbst eingenommen wird, wieviel Raum zur Bedienung nötig ist, in welcher Weise die Zu- und Ableitung des Kraftmittels vorgesehen ist. In diesem Falle sind oft besondere Rohrpläne nötig, wenn es sich um umfangreiche und weitverzweigte Rohrleitungen handelt. Diese Zeichnungen müssen daher eine Übersicht über die Rohranordnung und ihren Zusammenbau sowie Haupt- und Anschlußmaße der einzelnen Rohre, Ventile, Schieber, Hähne enthalten (Abb. 16). Oft ist es nötig, Rohre dicht aneinander vorbeizuführen. In solchen Fällen müssen diese Teile in zwei bzw. drei Projektionen dargestellt werden, damit man sich überzeugen kann, daß Kollisionen vermieden werden. Bei der Konstruktion ist darauf zu sehen, daß die Rohrnormen für Flansch- und Muffenrohre, Form- und Verbindungsstücke zur Anwendung kommen. Alle Rohrpläne sind immer mit einer ausführlichen Stückliste zu versehen. Verwickelte Rohrpläne werden ihrem Zweck entsprechend durch Anlegen in verschiedenen Farben (vgl. DIN 2403) untereinander gekennzeichnet. Diese Unterscheidungen werden dann auch bei den ausgeführten Rohranlagen durch entsprechende farbige Anstriche vorgenommen, so daß die Zeichnung mit der Ausführung in den Farbentönen übereinstimmt. Will man den Rohrplan in seinem Zusammenhang mit der Maschine selbst veranschaulichen, dann ist das Bild der Maschine zweckmäßig schwach auszuziehen, damit es gegen die Rohranordnung zurücktritt und die Übersichtlichkeit der Zeichnung nicht stört. Armaturpläne sind ebenfalls im Zusammenhang mit der Gesamtzeichnung der Maschine darzustellen. Hierher gehören Schmiervorrichtungen (Ölgefäße und -leitungen), Meßvorrichtungen (Manometer, Zeigerapparate) und Schutzvorrichtungen (Schutzdeckel, Geländer). Aus der Zeichnung muß ersichtlich sein, in welcher Weise und wo die Armaturen und Ausrüstungsgegenstände angebracht sind. Im übrigen gilt auch hier das bereits über Rohrpläne Gesagte.

Die Fundamentpläne können, dem doppelten Zweck entsprechend, unterschieden werden in solche, die über die Aufstellung der Maschine auf dem Fundament Aufschluß geben und dann in den Bereich des Monteurs oder Maschinisten gehören, und in solche, die die eigentlichen Mauerungspläne für die Herstellung

des Fundamentes enthalten. Diese werden lediglich vom Maurer und Beton-
arbeiter benutzt, da die Aufmauerung des Fundamentes wegen des notwendigen
Abbindens meist schon längere Zeit vor der Aufstellung der Maschine in Angriff
genommen wird. Daher kommt es bei derartigen Zeichnungen darauf an, allein
die Abmessungen des Fundamentes, die nötigen Schraubenlöcher und Aussparungen zur Darstellung zu bringen, und zwar unter Berücksichtigung der Ziegel-
maße (deutscher Normalziegel 250 × 120 × 65 mm). In den Zeichnungen, die bei
der Aufstellung der Maschine benutzt werden, muß die Maschine selbst dünn eingezeichnet und die Lage der Fundamentschrauben klar zu ersehen sein, während
alle sonstigen Angaben, die nicht die Aufstellung der Maschine betreffen, hier
wegbleiben können (Abb. 16). Komplizierte Pläne sind nötigenfalls in mehreren

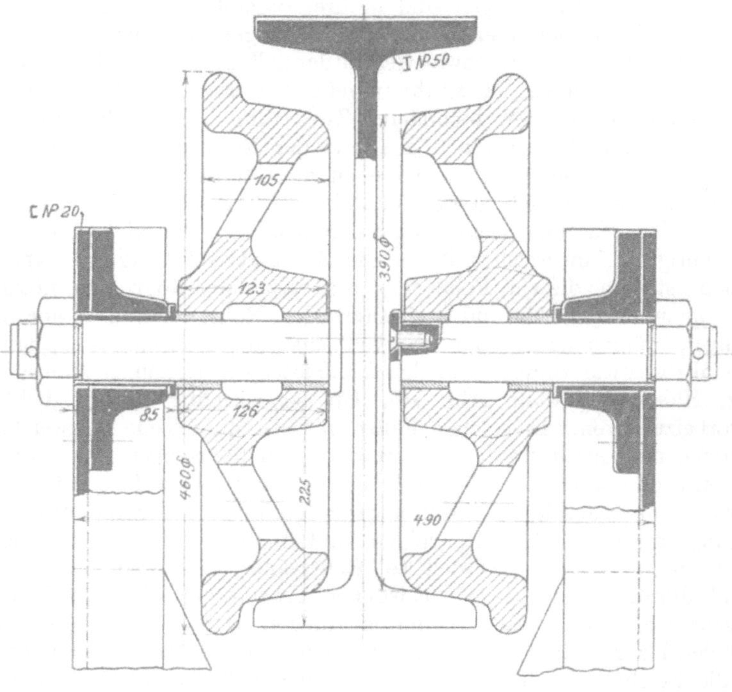

Abb. 39.*

Schnitten und den erforderlichen Projektionen darzustellen. Schwächungen des
Mauerwerkes durch Löcher und Aussparungen (z. B. bei der Verschraubung) dürfen
nicht zu nahe an den Rand des Fundamentes gelegt werden, da diese Teile des
Mauerwerkes sonst nachgeben und ausbrechen. Empfehlenswert ist es, das ge-
samte Fundament nur von einer einzigen als Basis gewählten Grundlinie aus mit
Maßen zu versehen, um Irrtümer zu vermeiden.

Die Gesamtzeichnungen haben den Zweck, den Zusammenhang und die Zusammenstellung der Einzelteile übersichtlich angeordnet wiederzugeben, so daß sie
für die Montage der Maschine, zur Feststellung des Raumbedarfes, für die Aufstellung und auch gegebenenfalles als Angebotzeichnung verwendet werden können.
Gewöhnlich wird die Gesamtzeichnung erst angefertigt, wenn alle Einzelheiten der
Konstruktion feststehen. Bei der Ausarbeitung von Projekten kann unter Um-

ständen auch der umgekehrte Weg eingeschlagen werden, damit man erst ein klares Bild über die ganze Maschine oder Anlage erhält. Dann entnimmt man der Gesamtzeichnung die erforderlichen Hauptabmessungen der Einzelteile. Trotz der vorhandenen Projektzeichnung ist es empfehlenswert, nachträglich noch eine besondere Zusammenstellungszeichnung zu fertigen, da nach dem Durcharbeiten der Einzelheiten meist Änderungen vorgenommen werden müssen. Die Gesamtzeichnung darf nur Haupt- und Anschlußmaße enthalten, soweit sie der Monteur benötigt. Falsch ist es, eine Zusammenstellung mit sämtlichen Maßen zu überladen. Der Monteur wird dann in die schwierige Lage versetzt, wissenswerte Maße mühsam herauszusuchen. Besonders häufig wiederholen sich bei Gesamtzeichnungen folgende Hauptmaße: Wellenstärken, lichte Weiten bei Rohren, Riemenscheiben- und Teilkreisdurchmesser, Schraubenentfernungen, Achsen- und Lagerabstände, Abstände von Arbeitskanten, Hublängen und Gesamtlängen. Dazu kommt die besondere Hervorhebung von geometrischen Linien, die für die Montage wichtig sind. Dringend erwünscht ist eine kurze Angabe der Hauptdaten der Maschine, so z. B. bei Kraftmaschinen Zahl der Pferdestärken, Hauptabmessungen wie Zylinderdurchmesser, Hub, Drehzahl, bei Hebezeugen Hubhöhe und Geschwindigkeit, bei Werkzeugmaschinen Angabe der Spitzenhöhe. Armaturen und Ausrüstungsgegenstände sind einzuzeichnen, um die Art ihrer Anbringung ersichtlich zu machen.

Besonders ist bei den Gesamtzeichnungen auf große Anschaulichkeit zu achten, wenn die Zusammenstellung übersichtlich und klar sein soll. Daher ist es oft geboten, von der Darstellung aller von außen sichtbaren Teile abzusehen und nur die Hauptteile hervorzuheben. Dies geschieht dadurch, daß man die beweglichen Teile im Schnitt schraffiert darstellt, während man die festen und unterstützenden (Lager) schwarz anlegt oder auch umgekehrt (Abb. 39). Durch diese auffällige Hervorhebung kommt Leben in die Darstellung, die Übersicht wird wesentlich erhöht, und das Lesen solcher Zeichnungen ist mühelos. Bei allen Sonderwerkstattzeichnungen ist es gewöhnlich nicht möglich, sie in natürlicher Größe darzustellen. Es müssen daher die in DIN 823, s. Anhang S. 45, genannten Verkleinerungsmaßstäbe gewählt werden.

7. Normung und Massenherstellung.

Normung und Massenherstellung gehören dem Wesen nach eng zusammen. Das Streben im Maschinenbau geht dahin, statt der früher geübten Einzelausführungen Normkonstruktionen für Massenausführung zu erstellen, d. h. die Werkstattarbeit zu vereinfachen und im Zusammenhang damit die Lagerhaltung zu verringern. Nicht immer gelingt es, sogleich ganze Maschinen als Massenerzeugnis zu fertigen, sondern man muß sich oft damit zufrieden geben, Maschinenelemente und Einzelteile, die häufig vorkommen, zu normen und sie damit der Massenherstellung zugänglich zu machen.

Durch die im Jahre 1918 aufgenommenen Arbeiten des Normenausschusses der Deutschen Industrie wurden die Normungsversuche einiger Firmen zu einer allgemeinen deutschen Normung zusammengefaßt und so weit ausgebaut, daß in den 8 Jahren seit der Gründung des Normenausschusses etwa 1400 Normblätter herausgegeben wurden. Dadurch war auch der bis dahin stark empfundene Nachteil, daß sich die gleichen Werkstücke verschiedener Firmen nicht austauschen ließen, gefallen.

Die Normung ist auf die meisten Fachgebiete des Maschinenbaues (Fachnormen) ausgedehnt worden und behandelt Armaturen, Autogenschweißen und Schneiden, Eisenbahnwagen- und Lokomotivbau, Elektrotechnik, Feuerwehr-

wesen, Gießereiwesen, Hebemaschinen, Kältemaschinen, Kinotechnik, Kraftfahr-
bau, landwirtschaftliche Maschinen, Luftfahrt, Maschinenelemente, Rohrleitungen,
Textilmaschinen, Wagen und Prüfmaschinen, Werkzeuge und Werkzeugmaschinen.

Alle diese Fachnormen bauen sich auf den Grundnormen, die allgemeine
Bedeutung haben, auf. Zu diesen gehören Einheiten und Formelgrößen, Formate,
Zeichnungen, Gewinde, Passungen und Werkstoffe.

Die Aufgabe der Normung besteht darin, möglichste Vereinfachung der
Einzelteile bei genauester Herstellung zu erreichen und dabei in wirtschaftlicher
Beziehung die Herstellungskosten aufs äußerste zu vermindern. Es ist jedoch oft
nicht leicht, den richtigen Augenblick zu finden, um neue Normen einzuführen
oder vorhandene auszuscheiden. Grundsätzlich sollte man daher bestrebt sein,
nichts Unfertiges zu normen oder noch Wertvolles auszuschalten. Die Normung
ist mit größter Vereinfachung der Werkstattzeichnung verbunden, da Normteile
nicht bemaßt zu werden brauchen und in der Stückliste durch Angabe der
Normennummer bezeichnet werden. Daraus ergibt sich, daß auch die Prüfung
der Zeichnungen übersichtlich wird und somit auch hierbei dem Sinn der Normung, nämlich Zeit- und Kostenersparnisse zu machen, Rechnung getragen wird.
Zudem erleichtert sich die Tätigkeit des Konstrukteurs, da ihm bei Vorhanden-
sein von Normteilen die Konstruktion von Maschinenelementen, deren Darstellung

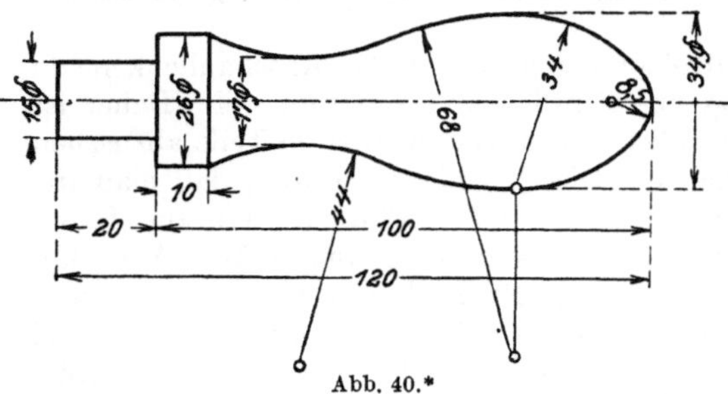

Abb. 40.*

kostbare Zeit in Anspruch nimmt,
abgenommen wird, so daß er auf
die gute Durchbildung anderer
wichtiger Teile mehr Zeit verwenden und hier fruchtbare und
wertvollere Arbeit leisten kann.

Ein weiterer, wichtiger
Schritt war die Normung der
Durchmesser. Hierbei war der
Gedanke maßgebend, die Lagerhaltung von Werkzeugen, Lehren
und Meßinstrumenten zu vereinfachen, wenn ganz bestimmte Normaldurchmesser allgemein anerkannt würden. So ist die Tabelle der Normaldurchmesser
von 1—500 mm entstanden (DIN 3, s. Anhang S. 57).

Die Massenherstellung, die im Maschinenbau eine bedeutende Rolle spielt,
befaßt sich mit der Erzeugung vollständig gleicher, untereinander austauschbarer
Einzelteile mit dem Zweck, Maschinen aus normalen, der Massenerzeugung unter-
liegenden Einzelteilen zusammenzusetzen, wobei als besonders wichtig gefordert
wird, daß in weitestgehender Fabrikationsorganisation mit Benutzung bester Hilfsmittel möglichst beste und billigste Erzeugnisse geschaffen werden sollen. Wo
Massenausführung nicht angängig ist, liegt das Bestreben vor, wenigstens eine größere
Zahl gleichartiger Teile zu verwenden und damit eine Serienherstellung zu ermöglichen. Die Massenherstellung von Werkstücken gestattet oft die Verwendung
hochwertigerer Werkstoffe oder besonderer Bearbeitungsmethoden, die sich bei
Einzelausführung der hohen Kosten wegen verbieten. Der in Abb. 40 dargestellte
Ballengriff wird zum Beispiel in Einzelausführung von Hand gedreht, bei größeren
Bestellungen auf der Drehbank mit Formmesser oder Kopiervorrichtung, während
sich bei Massenerzeugung die Herstellung des Werkstückes auf der Revolverbank
bzw. auf dem Automaten sicher lohnt. In diesem Falle kommt es bei der Bemaßung
in der Zeichnung meist darauf an, im Gegensatz zur Bemaßung in normalen Werkstattzeichnungen, selbst kleinste Krümmungen mit dem Radiusmaß zu versehen
oder kleinste Abstufungen in der Form durch Bemaßung zu berücksichtigen, da

die Werkzeuge ein Abbild des Werkstückes oder eines Teils davon sind, erstere
also nur bei genauer Bemaßung hergestellt werden und dann die gewünschte Form
erzeugen können. Die Zeichnungen für Teile der Massenfertigung erhalten infolgedessen ein anderes Aussehen als normale Werkstattzeichnungen; denn hier
wird es notwendig, Bearbeitungsvorgänge und Passungen mit Nachbarteilen genau
anzugeben. Die Blattgröße der Zeichnungen läßt sich hierbei wesentlich ein-
schränken, da gewöhnlich nur einzelne Werkstücke ohne Zusammenhang mit den
Nachbarteilen zur Darstellung kommen; die Zeichnungsblätter werden daher meist
an die Lohnkarte geheftet.

V. Sinnbilder.

Zu den besonderen Darstellungsmethoden gehören in erster Linie die ab-
gekürzten Darstellungen oder Sinnbilder. Hierbei handelt es sich gewöhnlich um
solche Teile, die sehr häufig auftreten und der Normung unterliegen. Die genaue
zeichnerische Wiedergabe ist hierbei vielfach zeitraubend und aus dem Grunde
nicht erforderlich, da diese Teile in ihrer Konstruktion schon durch die Normung
festliegen. Man beschränkt sich bei ihrer Darstellung auf Abkürzungen und Andeu-
tungen in der Zeichnung oder auf Angabe der Normennummer in der Stückliste.

Besonders geeignet für die sinnbildliche Darstellung sind S c h r a u b e n. Vor
allem bei scharfgängigem Gewinde ist es falsch, dieses genau zeichnerisch wiedergeben zu wollen. Alle solche Darstellungen sind wohl anschaulich und an sich
richtig bei genauer sorgfältiger Durchführung, aber trotzdem unzweckmäßig, sehr
zeitraubend und daher zu verwerfen. Denn die Gewindeform ist in den Gewinde-
systemen (vgl. diesbezügliche Normen) gegeben, also auf die Werkzeuge über-
tragbar und bedarf nicht jedesmaliger erneuter zeichnerischer Angabe. Daher
genügen zur Kennzeichnung einer Schraube Angabe des Gewindesystems, Ge-
windedurchmesser und Gewindelänge, während die Bezeichnung des Gewindes
selbst durch eine Strichlinie auf die ganze Gewindelänge in richtiger Tiefe des
Kerndurchmessers sinnbildlich zum Ausdruck kommt (DIN 27, s. Anhang S. 58).
Bei einem gebohrten und mit Gewinde versehenen Loch (Muttergewinde) kehrt
sich die Darstellungsweise um, und die Vereinigung beider Bezeichnungsweisen
tritt bei der Stiftschraube auf (DIN 27). Bei über- und ineinandergeschraubten
Rohren mit Gewinde kommt man häufig in die Verlegenheit, nicht entscheiden
zu können, ob man sie in der Darstellung als Bolzen oder als Mutter behandeln
soll. H i e r b e i g e l t e n g e w ö h n l i c h e i n g e s c h r a u b t e T e i l e (R o h r e) a l s
B o l z e n, ü b e r g e s c h r a u b t e (M u f f e n) a l s M u t t e r (DIN 27).

Flachgewinde sind allgemein an kein besonderes Gewindesystem angeschlossen,
daher ist hier die Angabe des Gewindeprofiles nötig, ferner Bezeichnung des Ge-
winde- und Kerndurchmessers, Ganghöhe oder Zahl der Gänge auf einen englischen Zoll und Gewindelänge (DIN 27, s. Anhang S. 58); die fortgeschrittene
Normung hat aber auch hier durch Vorschlag des Trapezgewindes eingegriffen
(vgl. DIN-Blätter), und es muß dringend empfohlen werden, diese Normen auch
in Anwendung zu bringen.

Bei N i e t e n kommt eine abgekürzte schematische Darstellung nur in der
Draufsicht für die einzelnen Nietdurchmesser in Frage. Die bisher verschiedenen
Bezeichnungen der Fabriken sind vereinheitlicht und aus (DIN 139, s. Anhang
S. 59) zu entnehmen. In DIN 29, s. Anhang S. 62 sind die Sinnbilder für
F e d e r n, Zug- und Druckfedern usw., angeführt.

Von den Maschinenelementen ist weiter hervorzuheben die sinnbildliche
Darstellung der Z a h n r ä d e r (DIN 37, s. Anhang S. 60/61). Ähnlich wie beim

scharfgängigen Gewinde liegt auch hier die Zahnform in Systemen fest, es genügt also, die Zähne allgemein sinnbildlich in der Zeichnung wiederzugeben und die näheren Angaben, wie Wahl der Zahnform (Evolvente, Zykloide usw.), Modul, Zähnezahl und Teilkreisdurchmesser schriftlich in die Zeichnung einzutragen.

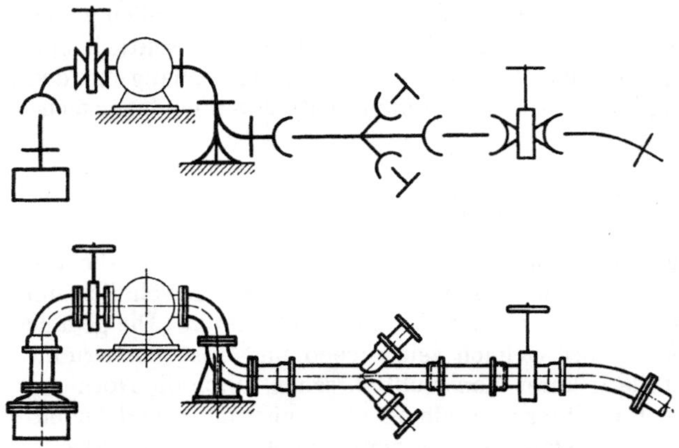

Eine Stirnradverzahnung kann z. B. im Schnitt gezeichnet werden mit Sinnbild der Zahnform oder vereinfacht nur durch Angabe der Teil- und Kopfkreise und schließlich auch rein schematisch nur durch Eintragen der Teilkreise (DIN 37, s. Anhang S. 60 und 61). Für Winkel- und Pfeilräder ist das Sinnbild nach DIN 37 vorgeschlagen. Alle diese Darstellungsmethoden lassen sich auch sinn-

Abb. 41. Rohrleitung und Pumpe (schematisch und maßstäblich).

gemäß auf Kegel-, Schnecken- und Schraubenradverzahnungen, ferner auf Ketten-, Sperr- und Schalträder anwenden. Da für letztere Normen nicht bestehen, müssen einige Zähne gezeichnet werden, um der Werkstatt den Ausführungsweg zu weisen.

Im Rohrleitungsbau erspart die sinnbildliche Darstellung kostbare und zeitraubende Zeichenarbeit, wie Abb. 41 zeigt; ja, man kann hier sogar von einem Verkleinerungsmaßstab überhaupt absehen und nur schematische Angaben machen.

VI. Hand- und Entwurfskizzen.

1. Aufnahmeskizzen von Hand.

Das Skizzieren ist ein außerordentlich wichtiger Teil des Maschinenzeichnens. Handskizzen haben allgemein den Zweck, dem Konstrukteur bei der konstruk-

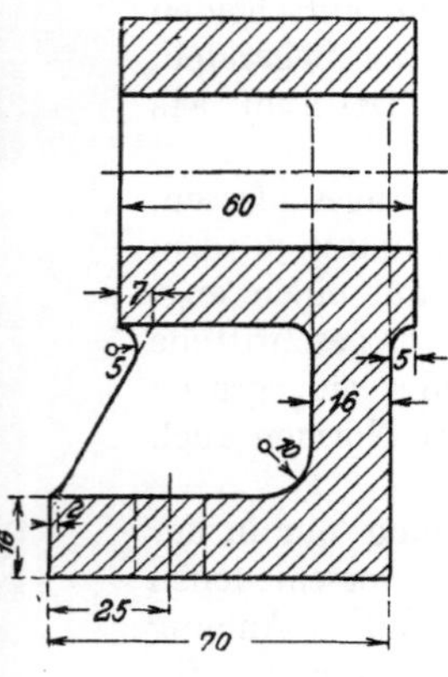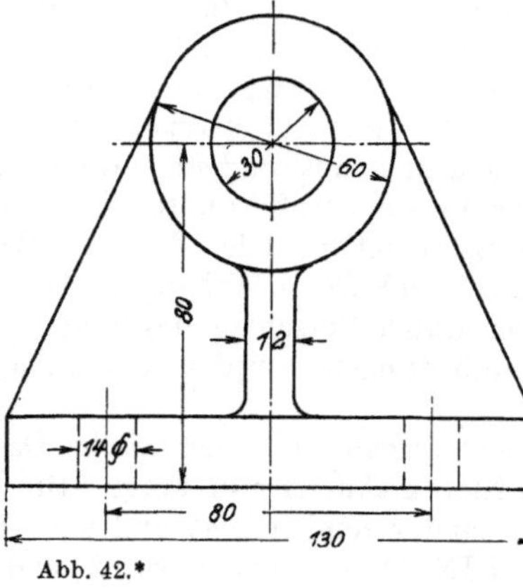

tiven Ausführung eines Maschinenteiles über Formgebung und Ausmessung des Werkstückes und Situation zu den Nachbarteilen Aufschluß zu geben; dabei ist in der Skizze die konstruktive Vorarbeit zu leisten. Oft müssen mehrere skizzenhafte Entwürfe gemacht werden, aus denen sich die endgültige, werkstattgerechte Konstruktion erst entwickelt (Abb. 42). Es ist

Abb. 42.*

auch sehr zweckmäßig, die Festigkeitsberechnungen von Maschinen und ihren Einzelteilen mit Handskizzen zu versehen, weil dadurch das Auffinden schwacher Stellen und gefährlicher Querschnitte für die Berechnung erleichtert wird. In der Praxis tritt auch häufig die Notwendigkeit auf, vorhandene Teile zu skizzieren, um nachträglich davon eine genaue Werkstattzeichnung herstellen zu können. In allen Fällen liegt das Wesen des Skizzierens darin, mit einfachen Mitteln und geringem Aufwand oft in beschränkter Zeit das Wesentliche der Aufgabe konstruktiv und zeichnerisch wiederzugeben (Abb. 43), wobei die Ansprüche vielfach so hoch geschraubt werden, daß die praktische Ausführung des Maschinenteils selbst nach der Handskizze verlangt wird. Skizzieren erfordert gut entwickeltes Vorstellungsvermögen, räumliches Denken und Ausdrucksfähigkeit. Davon hängt einzig und allein

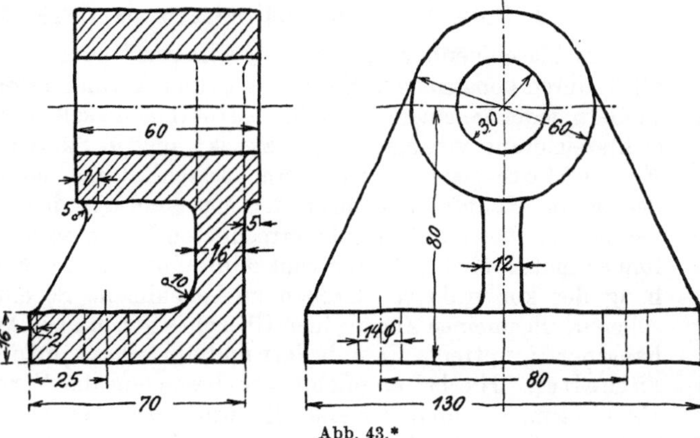

Abb. 43.*

die Leistung ab, nicht nur äußerlich von der sauberen zeichnerischen Ausführung. Die Schwierigkeit liegt stets darin, daß dem Konstrukteur das Konstruktionsbild fertig im Kopf vorschweben muß, ehe er überhaupt mit dem Skizzieren beginnen kann. Zur Unterstützung und Ausbildung des Vorstellungsvermögens sind ganz besonders perspektivische Freihandskizzen zu empfehlen, die man trotz einfachster Ausführung durch einfache Schattierung sehr anschaulich halten kann (Abb. 44).

Daher ist es gerechtfertigt, dem Studierenden, der sich die erforderlichen Eigenschaften erst erwerben will, Fingerzeige und Anhaltspunkte für das Skizzieren und Aufnehmen von Modellen zu geben.

Die Skizzen sind freihändig nach Augenmaß, nicht in festem Maßstab, nach dem Modell aufzunehmen, wobei stets Einzelteile, nie Zusammenstellungen skizziert werden, wenn die Skizze Anspruch auf klare Darstellung und vollständige Bemaßung erheben will. Von jedem Einzelteil sind die charakte-

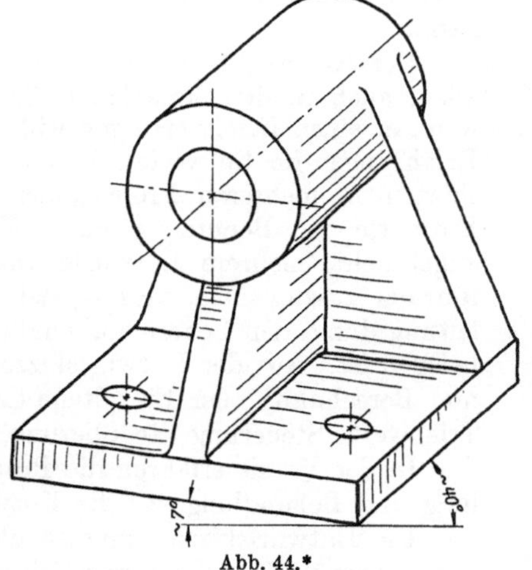

Abb. 44.*

ristischen Schnitte in der schon besprochenen projektiven Reihenfolge zu skizzieren und, wenn erforderlich, durch Ansichten zu ergänzen. Nach Festlegung der einzelnen Projektionen zieht man die Umrißlinien kräftig nach und schraffiert die Schnitte; erst dann werden die Abmessungen sachgemäß mit Schublehre, Taster, Anschlagwinkel und Maßstab vom Modell abgenommen und in die Skizze eingetragen. Über das Einschreiben der Maße ist schon an anderer Stelle gesagt worden, daß sie auf diejenigen Projektionen verteilt werden müssen, in denen sie bei den verschiedenen Bearbeitungen gesucht werden. Sämtliche bearbeiteten Flächen sind durch die entsprechenden Bearbeitungszeichen kenntlich zu machen. Die Skizzen werden auf Skizzierblocks in Bleistiftausführung entworfen. Praktisch bewährt hat sich ein Blockformat 33 : 42 cm. Mittellinien und Kreise können mit Dreiecken und Zirkel vorgezogen werden. Die Benutzung von Reißbrettern und Reißschienen ist vom Skizzieren unbedingt auszuschließen, ebenso der Gebrauch von Millimeterpapier.

2. Entwurfskizzen und Skizzen als Werkstattzeichnungen.

Im Maschinenbau läßt sich der Entwurf einer Maschine oder Anlage nicht allein durch konstruktive Entwicklung und Aneinanderreihen der Einzelteile lösen, sondern jeder genaueren Durchkonstruktion derselben muß eine allgemeine Übersichtszeichnung vorangehen, die zweckmäßig in Skizzenform auszuführen ist und Entwurfskizze genannt wird. Am besten ist nun so vorzugehen, daß man zunächst die Hauptabmessungen der Maschine aus den vorliegenden Bedingungen rechnerisch bestimmt und die errechneten Werte sofort in die Entwurfskizze, die immer maßstäblich gehalten sein muß, einträgt, um Einblick in den Zusammenhang der konstruktiven Größen zu bekommen. So entstehende Entwurfskizzen sollen in allgemeinen Zügen einen Überblick geben über Anordnung und Zusammenhang der Hauptteile, Raumbedarf und ähnliches, jedoch niemals Einzelteile enthalten. Hierbei empfiehlt sich besonders die Verwendung von Pauspapier. Denn niemals gelingt der erste Entwurf nach Wunsch, durch die Beschäftigung mit dem Gegenstand tauchen neue Gedanken, neue Ausführungsmöglichkeiten auf. Um nun das lästige Neuskizzieren zu vermeiden, kann man über die erste Entwurfskizze Pauspapier legen, und alles, was bei der zweiten Ausführung bestehen bleiben soll, freihändig durchpausen. Dies bietet außerdem noch den Vorteil, daß man beide Entwürfe vor sich hat und sie miteinander vergleichen kann.

Der Konstrukteur im praktischen Leben wie auch der Studierende muß in allen, auch in den einfachsten Fällen in der vorbeschriebenen Weise arbeiten, wenn er einen Erfolg erringen will. Besonders dem Studierenden, der noch keine Erfahrungen im Entwerfen besitzt, ist es anzuraten, stets maßstäbliche Entwurfskizzen in mehreren Projektionen auszuarbeiten, wobei ihm für diese ersten Entwürfe die Benutzung guter Vorbilder erlaubt sein soll. Vielfach ist es angebracht, mehrere Entwürfe anzufertigen. Hieraus die zweckmäßigste Ausführung auszuwählen, vermag der Studierende meist nicht. Dies muß der Anleitung durch den Lehrer vorbehalten werden, die mit pädagogischen Gründen zu belegen ist. Aus der Entwurfskizze folgt dann erst die sorgfältige Konstruktion und Berechnung aller Einzelteile der Maschine, wie z. B. Rahmen und Zylinder, Triebwerk, Steuerung, Regulierung, Lagerung usw.

In der Praxis erfahren die Projektzeichnungen meist eine ähnliche Entwicklung und Behandlung wie die Entwurfskizzen.

Die Entwurfskizzen müssen gleich den Handskizzen mit einfachen Mitteln und in verhältnismäßig kurzer Zeit angefertigt werden, sonst wird ihre Ausführung zu umständlich, und der Zeit- und Kostenaufwand entspricht nicht den erhofften Ergebnissen.

In neuerer Zeit wird vom Konstrukteur verlangt, Bleistiftzeichnungen direkt als Werkstattzeichnungen auszuführen. Das bedingt aber saubere, klare und scharf umrissene Zeichnungen auf dünnem Transparentpapier in kräftigen Bleistiftstrichen, die in der konstruktiven und zeichnerischen Bewältigung größere Anforderungen an den Konstrukteur stellen als Entwurfzeichnungen, die vom Zeichner nachträglich ausgezogen werden. Hierdurch aber wird es möglich, von den Bleistiftzeichnungen unmittelbar Lichtpausen anzufertigen, wodurch erhebliche Zeit- und Kostenersparnisse erreicht werden. Jedoch gestattet erst genügende Übung und gutes Vorstellungsvermögen ein flottes Arbeiten; denn langes Probieren und mühsames Tasten nach der gesuchten Form macht alle Ersparnisse hinfällig und führt unter Umständen infolge vielfachen Änderns und Verbesserns zu unsauberen und undeutlichen Zeichnungen.

VII. Beziehung zwischen Werkstattzeichnung und Berechnung.

Jeder Werkstattzeichnung muß eine Berechnung der Hauptabmessungen vorangehen. Zweckmäßig ist es, in dieser durch Erläuterungs- und Konstruktionsskizzen schon für die Werkstattzeichnung Vorbereitungsarbeit zu leisten. Nach Ausführung der Berechnung beginnt die Tätigkeit des Konstrukteurs, die darin besteht, die errechneten Werte in Einklang zu bringen mit der Herstellbarkeit und Bearbeitbarkeit unter Berücksichtigung vorhandener Modelle, Gesenke, Fräser, Bohrer usw. und mit der Platzfrage. Auch ist es nötig, berechnete Abmessungen auf- oder abzurunden, den Hilfsmitteln der Werkstatt entsprechend, damit das Werkstück auch wirklich herstellbar wird. Hierbei wird die Tafel der normalen Durchmesser (DIN 3, s. Anhang S. 57) gute Dienste leisten. Beachtenswert ist auch, sich bei der Berechnung nicht zu lange aufzuhalten, da diese sich zunächst doch nur auf die Bestimmung der wichtigsten Abmessungen beziehen kann, während ein Weiterrechnen die konstruktive Lösung der Aufgabe nicht fördert. Nach ihrer Fertigstellung ist allerdings eine ausgiebige Festigkeitsprüfung der Konstruktion durch die Rechnung ein wichtiges Gebot. In diesem Zusammenhange wäre auf Din 1350 aufmerksam zu machen, in dem Maßeinheiten, mathematische Zeichen und Formelgrößen übersichtlich zusammengestellt sind. Es sei noch daran erinnert, daß sich die durch die Festigkeitsrechnung erzielten Werte in Zentimetern ergeben, in den Zeichnungen für deutsche Werkstätten jedoch alle Größen in Millimetern eingetragen werden müssen.

Schließlich sei jedem Konstrukteur in Erinnerung gebracht, seine Berechnungen sorgfältig aufzubewahren, falls die Firma dies nicht selbst übernimmt, damit er bei Brüchen, Schäden und Unglücksfällen jederzeit durch Vorlegen der Berechnung einen einwandfreien Nachweis erbringen kann.

VIII. Ausführung und Anfertigung von Kopien und Vervielfältigungen.

1. Lichtpausen.

Wenn früher von einer Zeichnung ein Duplikat verlangt wurde, so wurde dieses auf dem Wege der Pauszeichnung hergestellt. Heute würde sich diese Arbeit mit Rücksicht auf die gegen früher bedeutend gestiegenen Gehälter zeichnerisch geschulter Kräfte und die hohen Kosten für Pausleinewand und Pauspapier sehr teuer stellen. Glücklicherweise hat man eine ganze Anzahl Verfahren, die es ermöglichen, von fast jeder Zeichnung eine Kopie zu verlangen, die sich weit billiger stellt, als eine von Hand zu fertigende Pauszeichnung.

Die einfachste Methode, Originalzeichnungen zu vervielfältigen, ist das Lichtpausverfahren. Die Arbeit bei diesem Verfahren ist eine rein mechanische, die nach einiger Übung von jedem ungelernten Arbeiter oder Lehrling ausgeführt werden kann. Die Anwendung ist eine sehr einfache. Man bedarf zur Herstellung einer Lichtpause eines Lichtpausapparates, der entweder für Belichtung durch natürliches oder durch künstliches Licht eingerichtet ist. Für Tageslicht genügt bei Formaten bis 75 × 100 cm der Federdruck-Lichtpausapparat, bei welchem das lichtempfindliche Papier vermittels Druckfedern an die zu kopierende Zeichnung gepreßt wird. Für größere Formate ist unbedingt der pneumatische Lichtpausapparat vorzuziehen. Dieser Apparat erzeugt auch bei größeren Formaten die denkbar schärfsten Kopien. Er ermöglicht infolge hermetischen Abschlusses auch die Herstellung von Lichtpausen selbst bei nassem Wetter im Freien. Erreichen die Tageslicht-Lichtpausapparate die Größe von 80 × 100 cm, so ist die Verwendung eines fahrbaren Gestelles, bei welchem der Apparat in seiner Achse drehbar ruht, unerläßlich. Bei beiden Apparaten wird die Originalzeichnung glatt mit der Bildseite auf die Glasscheibe gelegt und darauf mit der präparierten Seite das Lichtpauspapier. Der Apparat wird geschlossen und dem Licht ausgesetzt. Paust man bei Tageslicht, so ist darauf zu achten, daß der Apparat so gestellt wird, daß das volle Licht auf die Glasscheibe fallen kann. Man vermeide, daß Schatten von irgendwelchen Gegenständen, Baumzweigen und Balkongittern usw., auf die Glasscheibe fällt. Bei trübem Wetter, im Winterhalbjahr usw., wird man, will man schnell pausen, ohne künstliches Licht nicht auskommen. Von vornherein muß gesagt werden, daß sich in der Praxis nur die sogenannten Kopierlampen bewährt haben, elektrische Bogenlampen, die infolge hoher Lichtbogenspannung (bei 220 Volt Netzspannung etwa 160 Volt Lichtbogenspannung, bei 110 Volt etwa 80 Volt) violettes Licht ausstrahlen, das auf das Lichtpauspapier eine dem Sonnenlicht ähnliche Wirkung ausübt. Man muß indes, will man in Lichtpausapparaten, die eigentlich für Tageslicht eingerichtet sind, gleichmäßig belichtete Lichtpausen erzielen, genügend weit von der Glasscheibe entfernt bleiben, so daß, je größer die Formate werden, die Belichtungsdauer und gleichzeitig der Stromverbrauch wächst.

Man hat infolgedessen Lichtpausapparate konstruiert, die nur für elektrisches Licht eingerichtet sind und bei welchen die Lichtquelle denkbar günstig ausgenutzt wird. Die gebräuchlichsten und bekanntesten sind der elektrische Glaszylinder-Lichtpausapparat und die elektrische Lichtpausmaschine. Während im Zylinderapparat die zu kopierenden Zeichnungen um zwei halbrund gebogene Spiegelglasscheiben fest eingespannt werden und die Kopierlampe je nach dem zur Verwendung kommenden Original und Lichtpauspapier schneller oder langsamer vorbeigeführt wird, werden in der Lichtpausmaschine Originale und Lichtpauspapier automatisch an der Lichtquelle vorbeigezogen. Der Zylinderapparat ist da zu empfehlen, wo es sich um Vervielfältigung von solchen Zeichnungen handelt, die die Abmessungen von 200 × 120 cm nicht übersteigen und wenn nur eine beschränkte Anzahl Lichtpausen (vielleicht 80—100) pro Tag benötigt werden. Bei größeren Formaten und wo es sich um größere Posten handelt, kommt die Lichtpausmaschine in Frage, die ein- und mehrlampig geliefert wird.

Man kann Lichtpausen nach 3 Verfahren herstellen. Diese sind:

1. Das Negativverfahren (weiße Striche auf blauem Grunde),
2. das Positivverfahren, mit und ohne Säurebad (schwarze Striche auf weißem Grunde),
3. das Sepiaverfahren (weiße Striche auf braunem Grunde, braune Striche auf weißem Grunde, blaue Striche auf weißem Grunde).

Die billigsten Lichtpausen sind die nach dem Negativverfahren hergestellten. Sie werden kurzweg Negativpausen oder Blaupausen genannt. Zur Herstellung derselben kommt das blausaure Eisenpapier in Anwendung, das unter der Bezeichnung Negativ- oder Blaupauspapier in den Handel gebracht wird. Die Belichtung beim Negativverfahren ist beendet, wenn der Grund des verdeckten Lichtpauspapiers grau erscheint und die feinen Linien in leicht bläulicher, die starken aber in der ursprünglichen Farbe des Lichtpauspapiers scharf gelb hervortreten. Nachdem die Belichtung beendet ist, spült man die Zeichnung etwa 5—10 Minuten in klarem Wasser ab und hängt sie dann zum Trocknen auf. Die so gewonnene Lichtpause ist dauernd haltbar. Wenn nur ein hellblauer Grund erzielt wird, so ist die Pause nicht lange genug belichtet; bei zu langer Belichtung gehen die weißen Linien ins Blaue über, beziehungsweise verschwinden ganz.

Für die Herstellung der Positivpausen, die kurzweg Weißpausen genannt werden, wird das Eisengalluspapier verwendet, das entweder für Säurebad oder auch nur für Wasserbad geliefert wird. Die Belichtung bei diesem Verfahren ist beendet, sobald der Grund des verdeckten Lichtpauspapiers eine weiße Farbe annimmt und die Linien scharf gelb hervortreten. Nachdem so die Belichtung zur Genüge erfolgt ist, bringt man beim Positiv-Säurebadpapier die Pause in das Säurebad, welches aus einer Lösung von 5—6 g Gallussäure auf 1 l Wasser besteht. Sobald die Linien scharf hervorgetreten sind, spült man die Pause längere Zeit mit klarem Wasser ab und hängt sie zum Trocknen auf. Ein nicht weißer, sondern grauer Grund beweist, daß nicht lange genug belichtet wurde. Bei Überbelichtung verschwindet die Zeichnung mehr oder weniger.

Bei Verwendung des Positiv-Wasserbadpapiers erfolgt die Belichtung genau wie beim Positiv-Säurebadpapier, das heißt so lange, bis der vom Original bedeckte Teil des Lichtpauspapiers fast ebenso weiß geworden ist wie der über das Original etwas hervorragende Rand desselben. Die Kopie bringt man mit der Bildseite nach oben derartig in das Wasserbad, daß die ganze Lichtpause noch etwas vom Wasser bedeckt wird. Nach 5—10 Minuten langem Liegen spült man die Pause mit fließendem Wasser gut ab und überfährt dieselbe mit einem Schwamm, um etwaige Unreinheiten zu entfernen. Bezüglich der Belichtung gilt das beim Positiv-Säurebadpapier Gesagte. — Bevor man die Positivpausen zum Trocknen aufhängt, empfiehlt es sich, dieselben durch eine Abstreifvorrichtung zu ziehen oder mit einem Tuch abzutrocknen, um das Auslaufen der Striche zu verhindern.

Das für das Sepiaverfahren verwendete Sepiapapier (auch Reform-Rapidpapier genannt) ist ein Universal-Lichtpauspapier, vermittels dessen man sowohl Negativ- als auch Positivkopien anfertigen kann. Die Originale für dieses Verfahren können sowohl aus Pausleinen und Pauspapier, als auch aus dünnem oder dickerem Zeichenpapier bestehen. Falls Zeichenpapier verwandt wird, muß dasselbe in der Duchsicht gleichmäßig klar und durchscheinend sein. Es ist zu empfehlen, recht tiefschwarze Tusche zum Zeichnen zu verwenden. Das Sepiaverfahren ist besonders da zu empfehlen, wo es sich darum handelt, wertvolle Originale zu schonen, weil von einer Sepia-Negativkopie dauernd weitere Kopien hergestellt werden können. Das Verfahren ist bei vielen größeren Firmen für diesen Zweck eingeführt.

Herstellung von Sepia-Negativkopien mit reinweißen Linien auf tiefbraunem Grunde.

Man legt das Original, wie üblich, mit der Bildseite auf die Glasplatte und dann auf das Original die präparierte Seite des Sepia-Lichtpauspapiers. Die Belichtung ist beendet, wenn unter dem Original der Grund der Kopie eine lebhaft rotbraune Farbe zeigt und die Linien noch in der ursprünglichen, mattgelben Farbe des Lichtpauspapiers scharf hervortreten. Nach dieser Belichtung bringt man die Kopie in ein reines Wasserbad und spült sie darin etwa 3—5 Minuten ab. Hiernach wird die Pause in das sogenannte Verstärkungsbad (15 g Verstärkungssalz auf 1 l Wasser) gebracht und darin kurz abgespült — bei kleinen Pausen genügt das Überstreichen mit dem Verstärkungsbad mit einem Schwamm oder Pinsel — und darauf nochmals mit klarem Wasser abgespült. Das Verstärkungsbad kann wochenlang verwendet werden; durch dasselbe wird die Kopie tiefer getont und nimmt eine kastanienbraune Farbe an. Man erhält bei richtiger Beachtung obiger Vorschriften eine Kopie mit reinweißen Linien auf tiefbraunem bis braunschwarzem Grunde, welche absolut haltbar ist und von der dauernd weitere Kopien hergestellt werden können. Bei zu langer Belichtung werden die Linien während des Abspülens nicht weiß, sondern nehmen je nach der Länge der Überbelichtung einen mehr oder weniger braunen Ton an, bis sie schließlich ganz verschwinden. Bei zu kurzer Belichtung erscheint der Grund etwas matter und auch die Linien treten nicht so scharf hervor.

Herstellung von Sepia-Positivkopien mit tiefbraunen Linien auf reinweißem Grunde.

Man stelle zuerst eine Negativkopie (sogenannte Schablone) wie vorstehend beschrieben auf dem 55 g pro Quadratmeter schweren Sepiapapier her und benutze diese als Original. Ist die Originalzeichnung auf Zeichenpapier hergestellt, so empfiehlt es sich, ein Negativspiegelbild herzustellen, indem man das Original mit der Bildseite auf das Lichtpauspapier (nicht mit der Bildseite auf die Glasscheibe, wie sonst üblich) legt. Um von diesem Spiegelbilde Positivkopien zu erzielen, legt man dasselbe wieder umgekehrt, also mit der Bildseite auf das Lichtpauspapier.

Die Belichtung ist als beendet anzusehen, wenn die Zeichnung unter dem Original in scharfen, lebhaft rotbraunen Linien erscheint, der Grund indes noch die ursprüngliche, mattgelbe Farbe des Lichtpauspapiers hat. — Nach der Belichtung wird die Kopie ganz in derselben Weise gewaschen und im Verstärkungsbad abgespült, wie oben angeführt. Die Kopien sind absolut haltbar.

Vorausgesetzt, daß die sogenannte Schablone reinweiße Linien auf tiefbraunem Grunde enthält, ist anzunehmen, daß nicht lange genug belichtet ist, wenn die braunen Striche der erhaltenen Positivpause nicht scharf hervortreten. Wenn sich indes der Grund des Positivs nicht weiß, sondern fleckig bräunlich zeigt, so hat die Belichtung zu lange gedauert.

Herstellung von Blau-Positivkopien mit tiefblauen Linien auf reinweißem Grunde.

Man verwendet wie beim vorhergehenden Verfahren das erzielte Negativoriginal (Schablone) und bedient sich zur Herstellung der gewünschten Kopie mit tiefblauen Linien auf reinweißem Grunde des blausauren Eisenpapiers.

Das Einlegen in den Lichtpausapparat geschieht wie allgemein üblich und die Belichtung ist beendet, wenn die ursprüngliche, reingelbe Farbe des blausauren Eisenpapiers in eine mattgrünliche übergegangen ist. Die erzielte Kopie wird dann 5—10 Minuten in klarem Wasser abgespült und zum Trocknen aufgehängt.

Für den Bezug der Lichtpausartikel empfiehlt es sich, sich an eine der größeren bekannten Firmen der Branche zu wenden, da bei diesen die Gewißheit besteht, stets bestens und schnellstens bedient zu werden.

Nachdem hier die Erzeugung von direkten Kopien kurz besprochen worden ist, soll auch der Verwendung des photographischen Apparates gedacht werden, dessen Benutzung in vielen Fällen zu einem wertvollen Hilfsmittel werden kann; in erster Linie kommt dieser Fall in Frage, wenn von einer vorhandenen Zeichnung eine Kopie in geändertem Format hergestellt werden soll. Die Kamera ermöglicht dies in der denkbar einfachsten und billigsten Form, wobei sogar noch die Anbringung von Korrekturen offen bleibt. Dabei beschränkt sich das Anwendungsgebiet nicht allein auf die Planobjekte, sondern es können auch ganze Anordnungen in Maschinenhallen und Werkstätten zur Wiedergabe gelangen. Die Gefahr einer Verzeichnung wird ein geschickter Photograph stets zu vermeiden wissen, so daß Distanzübertreibungen unterbunden sind, wenn er einen richtigen Ort für die Aufstellung des Apparates wählt.

2. Druckverfahren.

Der Vorgang der Photolithographie ist folgender: Die Originalzeichnung wird photographiert und von dem Negativ eine Fettkopie genommen. Diese wird in angefeuchtetem Zustande auf einen lithographischen Stein übertragen oder, wie man technisch sagt, umgedruckt, wobei die Zeichnung auf dem Stein zurückbleibt, während das feuchte Papier abgelöst und fortgeworfen wird. Die auf dem Stein stehende Kopie wird nun wie jede Lithographie mit angesäuerter Gummilösung behandelt, wodurch die in der Zeichnung leeren Stellen später keine Druckfarbe annehmen.

Dieses Verfahren hat die große Annehmlichkeit, daß es stets noch nachträgliche Korrekturen zuläßt und daß man erforderliche Schraffuren gut und klar anbringen kann.

Das Lichtdruckverfahren ist weniger für die Wiedergabe von Originalen in Strichzeichnung geeignet, ergibt aber sehr gute Reproduktionen im Halbton, Gemälden und Tuschzeichnungen. Wegen des hohen Kostenaufwandes lohnt es sich nur für Tafeln großer Werke, bei denen der Preis keine ausschlaggebende Rolle spielt.

Die Technik der Heliogravüre kann als die Königin unter den photomechanischen Verfahren bezeichnet werden, weil sie wirklich hohe künstlerische Qualität zu produzieren imstande ist. Die Ausführung sowie die Drucklegung ist von den übrigen Verfahren abweichend, da es sich um ein Tiefdruckverfahren handelt, das eine Kupferplatte benötigt.

Das Holzschnittverfahren der Buchdruckillustration ist heute meist durch das zinkographische Verfahren wegen seiner größeren Rentabilität abgelöst. Es gewährleistet absolute Treue in der Wiedergabe und rasche Herstellung bei peinlichster Sauberkeit in der Arbeit.

Farbige Illustrationen sind teuer und umständlich in der Herstellung, lassen sich aber nicht immer umgehen. Eine zweckmäßige Reihenfolge bei der Arbeit verbilligt aber auch dieses Verfahren nicht unwesentlich. Eigentümlichkeit der Farbendrucke ist es, daß sie bei z. B. vier Farben fünfmal die Buchdruckpresse passieren müssen, nämlich für jede Farbe einmal und das fünfte Mal zur Fertigstellung der Schwarzkonturen.

Während man sich mit der Herstellung von Lichtpausen unbedenklich selbst vertraut machen kann und nach einiger Übung kaum noch Mißgriffe zu befürchten hat, sind alle übrigen Arbeiten den entsprechenden Anstalten zu übergeben, die nach ihrer Einrichtung dazu besonders geeignet sind, die gewünschten Reproduktionen in korrekter Form und Ausführung zu liefern.

Wenn eine größere Zahl von Vervielfältigungen einer irgendwie beschaffenen Vorlage benötigt wird, so empfiehlt sich deren Wiedergabe nicht mehr durch photographisches Kopieren, ja, in vielen Fällen ist dies sogar gänzlich undurchführbar. Es muß dann zum „Drucken" geschritten werden, d. h. nach der Vorlage wird zunächst eine „Druckform" (aus Metall, Stein oder dergleichen) hergestellt und mit deren Hilfe auf der „Druckpresse" die benötigte Zahl von Drucken gewonnen. Der Druchtechnik ist heutzutage jede Vorlage zugänglich; der Druck kann in jeder beliebigen Farbe auf jedem beliebigen Papier vom Seidenpapier bis zum Karton erfolgen. Die Farbe ist unbeschränkt.

Die Vervielfältigung durch Drucken kann nur in speziell dafür eingerichteten Betrieben geschehen.

3. Trockenkopierverfahren.

Anders als die mechanischen Vervielfältigungsverfahren arbeiten die Trockenkopierverfahren. Sie kommen besonders in Frage, wo es sich um gute Vervielfältigungen im Originalmaßstab handelt, und zwar von den kleinsten bis zu den größten Formaten. Die Zeichnung wird durch Tageslicht oder elektrisches Licht auf lichtempfindliches Papier übertragen und dieses fixiert. Die Striche stehen dann entweder dunkelviolett auf Weiß oder weiß auf Blau.

In der Neuzeit hat das Trockenkopierverfahren eine weitere Bereicherung erfahren. Bei der Arbeit mit „Ozalid M" fällt das lästige, Arbeitskraft und Zeit erfordernde Wässern und Trocknen fort; infolge der Trockenbehandlung stimmen die Pausen mit den Originalen geometrisch genau überein, die Belichtungsdauer ist kurz, und selbst von Bleioriginalen können deutlich leserliche Pausen erzielt werden. Die geometrische Übereinstimmung ist besonders wichtig für Pausen von den verschiedensten Diagrammarten, die dadurch keine Verzerrungen erleiden und somit Fehlerquellen aus den Rechnungsgrundlagen ausgeschaltet werden. Für diese Zwecke ist das Trockenkopierverfahren daher von besonderer Bedeutung und Wichtigkeit.

Neben anderen zeichnet sich besonders das Gisalverfahren aus. Es gewährleistet unbedingt genaue Wiedergabe des Originals, da es ein Trockenverfahren ist, die Blätter sich also nicht verziehen. Im wesentlichen beruht das Verfahren darauf, daß das in tiefschwarzen Strichen auf weißem oder bläulichem Pauspapier oder -leinen oder auf weißem Zeichenpapier bis zu $1/3$ mm Stärke hergestellte Originalbild vermittels elektrischen Lichtes unmittelbar druckfertig und in natürlicher Größe auf eine eigens präparierte Aluminiumplatte, die später als Druckplatte dient, übertragen wird. Das Verfahren zeichnet sich durch Billigkeit, Schnelligkeit, Maßstäblichkeit, Naturtreue und Schönheit aus, ist daher für die mannigfachen Zwecke der Technik sehr zu empfehlen.

IX. Zweckmäßige Registrierung und Aufbewahrung der Zeichnungen.

Die Aufbewahrung der Zeichnungen erfolgt zunächst nach ihrer Größe. Geeignete Schränke sind dazu in entsprechende Fächer unterteilt, die numeriert sind. Die Zeichnungen tragen nun die Nummer der Fächer und außerdem eine zweite Nummer, nach der sie im Fach eingeordnet sind. Vielfach wird auch noch eine Schrankbezeichnung nötig sein oder alle vorhandenen Fächer müssen fortlaufend bezeichnet sein. Die Registrierung der Zeichnungen erfolgt nun in Katalogen oder Kartotheken unter Angabe von Fach- und Zeichnungsnummer, indem man noch den Inhalt der Zeichnungen angibt und diesen wieder nach Gruppen ordnet, z. B. Gruppe Steuerungen, Gruppe Ventile, Gruppe Zylinder, Gruppe Zusammenstellungen usw.

X. Anhang: Normblätter.

DIN 823. Formate und Maßstäbe[1]).

Formate.

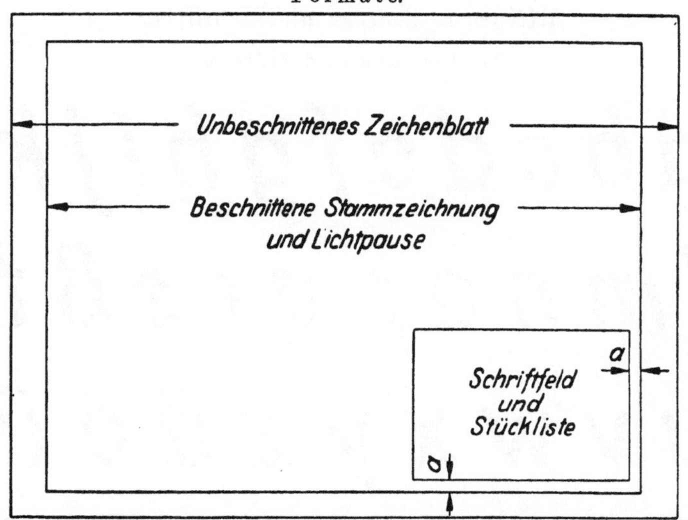

Formate nach Din 476, Reihe A	A 0	A 1	A 2	A 3	A 4	A 5	A 6
Beschnittene Stammzeichnung und Lichtpause (Fertigformat)	841 × 1189	594 × 841	420 × 594	297 × 420	210 × 297	148 × 210	105 × 148
Schriftfeldabstand a vom Rand der Pause	10	10	10	10	5	5	5
Unbeschnittenes Zeichenblatt (Kleinstmaß)	880 × 1230	625 × 880	450 × 625	330 × 450	240 × 330	165 × 240	120 × 165

Die Blattgrößen gelten für alle Arten von technischen Zeichnungen, auch für gedruckte Maßskizzen, gedruckte Zeichnungen und Normblätter, sowie für Zeichnungsvordrucke. Die Blätter können in Hoch- und Querlage verwendet werden. Bei den kleinen Formaten kann die Hochlage zur Norm werden.

Bei kleinen Zeichnungen ist ein Heftrand von 25 mm zulässig, um den die Nutzfläche des Fertigformates kleiner wird (s. DIN 820).

Schmale Formate können ausnahmsweise durch Aneinanderreihen gleicher oder benachbarter Formate der Formatreihe gewonnen werden (s. obenstehendes Bild).

Größere Formate als A 0 werden durch Verdoppeln (Vervierfachen) von A 0 gewonnen.

Von den z. Z. handelsüblichen Rollenbreiten sind für Reihe A verwendbar:

für Zeichenpapiere, Transparentpapiere	1500	1560
	daraus abgeleitet 250 1250	660 900
für Lichtpauspapiere	650 900	1200
für Pausleinen	(Angaben folgen später)	

Maßstäbe.

Natürliche Größe   1:1
Für Verkleinerungen 1:2,5   1:5   1:10   1:20   1:50   1:100   1:200   1:500   1:1000
Für Vergrößerungen 2:1   5:1   10:1

Im Schriftfeld sind der Hauptmaßstab der Zeichnung in großer und die übrigen Maßstäbe in kleinerer Schrift anzugeben; letztere sind bei den zugehörigen Darstellungen zu wiederholen. Alle Gegenstände sind maßstäblich zu zeichnen; Maßzahlen für nicht maßstäblich gezeichnete Teile sind zu unterstreichen.

Januar 1923.

---

[1]) Wiedergabe erfolgt mit Genehmigung des NDI. Verbindlich für die vorstehenden Angaben bleiben die Dinormen. Normblätter sind durch den Beuthverlag G. m. b. H., Berlin SW 19, Beuthstr. 8, zu beziehen.

DIN 16, 1. Schräge Blockschrift[1]).

Buchstaben und Ziffern.

abcdefghijk

lmnopqrsßt

uvwxyzäöü

ABCDEFGHIJ

KLMNOPQRS

TUVWXYZÄÜ

1 2 3 4 5 6 7 8 9

0 VIII XV XIII

---

[1]) Wiedergabe erfolgt mit Genehmigung des NDI. Verbindlich für die vorstehenden Angaben bleiben die Dinormen. Normblätter sind durch den Beuthverlag G. m. b. H., Berlin SW 19, Beuthstr. 8, zu beziehen.

DIN 16, 2. Schräge Blockschrift[1]).

Schriftgrößen.

Normenausschuß der Deutschen Industrie,
Berlin NW7, Sommerstraße 4a   1,8

Normenausschuß der Deutschen Industrie,
Berlin NW7, Sommerstraße 4a   2,5

Normenausschuß der Deutschen Industrie,
Berlin NW7, Sommerstraße 4a   3,5

Normenausschuß der Deutschen Industrie,
Berlin NW7, Sommerstraße 4a   5

Normenausschuß der Deutschen
Industrie, Berlin NW7,   7

Normenausschuß der
Deutschen Industrie   10

Normenausschuß   14

Industrie   20

Die Zahlen neben den Beispielen geben die Höhe der großen Buchstaben in Millimetern an. Als weitere Schrifthöhen kommen für größere Schrift 28, 40, 56, 80, 112, 160 mm in Betracht.

Die Höhe der Buchstaben a, c, e usw. beträgt $^2/_3$ der Schrifthöhe des b, A, g usw. Die Schrift ist um 75° gegen die Wagerechte geneigt, die Stärke der Linienzüge beträgt $^1/_8$ der Schrifthöhe. Die 1,8, 2,5 und die 3,5 mm hohen Schriften sind von Hand zu schreiben, die 5 bis 20 mm hohen Schriften können mittels handelsüblicher Schablonen hergestellt werden. Als Kleinstmaß für den Zeilenabstand gilt das 1,4fache der Höhe der großen Buchstaben.

Oktober 1922, 2. Ausgabe (geändert).

---

[1]) Wiedergabe erfolgt mit Genehmigung des NDI. Verbindlich für die vorstehenden Angaben bleiben die Dinormen. Normblätter sind durch den Beuthverlag G. m. b. H., Berlin SW 19, Beuthstr. 8, zu beziehen.

DIN 6. Anordnung der Ansichten und Schnitte[1]).

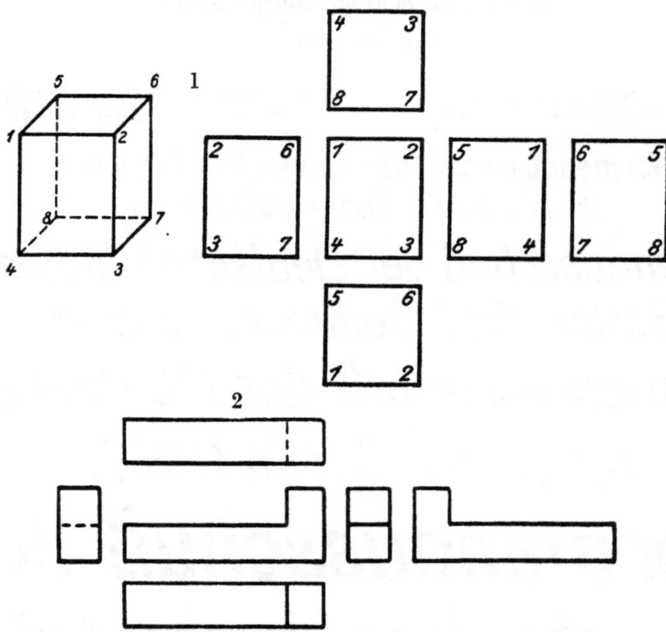

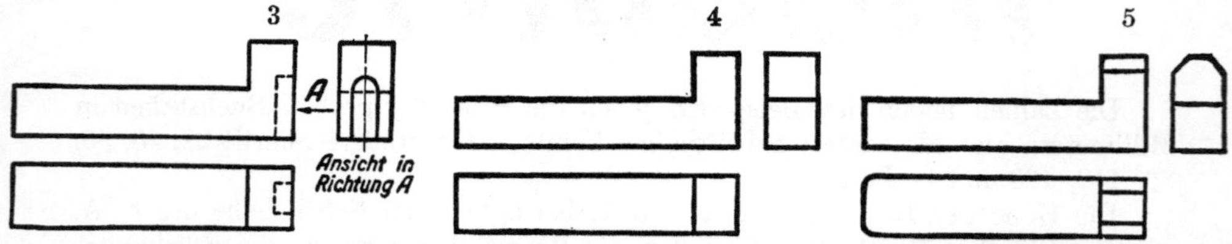

Die Gegenstände sind im allgemeinen in der Gebrauchslage zu zeichnen, d. h. stehende sollen nicht liegend und liegende nicht stehend dargestellt werden. In Teilzeichnungen kann bei Gegenständen, die in senkrechter oder wagerechter Achslage verwendet werden, wie Schrauben, Lager, Zahnräder, Bolzen usw., von dieser Regel abgewichen werden. Teile mit schräg im Raume liegenden Achsen sind in Einzeldarstellungen so anzuordnen, daß die Achsen wagerecht oder senkrecht gerichtet sind, wenn nicht besondere Gründe für die Beibehaltung der schrägen Achslage sprechen.

Die einmal gewählte Blattlage (lange oder kurze Blattkante unten) ist beim Aufzeichnen weiterer Teile beizubehalten (vgl. DIN 823).

Für die Anordnung der Draufsicht (Grundriß), der Untersicht, der Seitenansichten und der Rückansicht gilt die Regel, daß jeder Gegenstand nach den durch Bild 1 und 2 festgelegten Grundsätzen umzulegen und abzubilden ist.

Ist es nötig oder gerechtfertigt, hiervon abzuweichen, wie es bei Zeichnungsänderungen mit Nachträgen wegen Platzmangels (Bild 3) oder bei Gegenständen mit schrägen Flächen (Dachbinder u. a. m.) oder bei sehr langen Körpern vorkommen kann, so ist die Sehrichtung durch einen Pfeil mit großem Buchstaben anzugeben (Bild 3 oder bei Schnitten z. B. Schnitt A—B. Vergleiche auch DIN 36, S. 51 und 52).

Im allgemeinen ist für die Darstellung die Hauptansicht (Aufriß, Vorderansicht), die Draufsicht und die Seitenansicht zu wählen (Bild 4). Es können eine oder die beiden letztgenannten Ansichten weggelassen werden, wenn der Gegenstand durch zwei Ansichten oder durch die Hauptansicht ausreichend festgelegt ist. Bei Bild 5 dürfen Draufsicht und Seitenansicht nicht fehlen.

---

[1]) Wiedergabe erfolgt mit Genehmigung des NDI. Verbindlich für die vorstehenden Angaben bleiben die Dinormen. Normblätter sind durch den Beuthverlag G. m. b. H., Berlin SW 19, Beuthstr. 8, zu beziehen.

DIN 6. Anordnung der Ansichten und Schnitte (Fortsetzung).

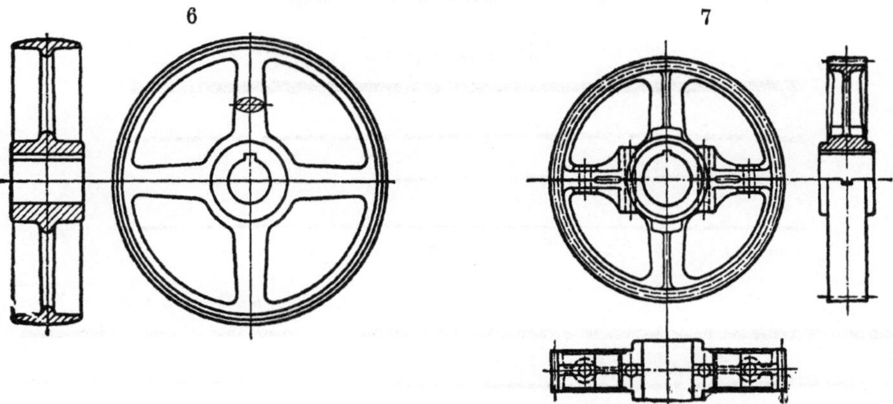

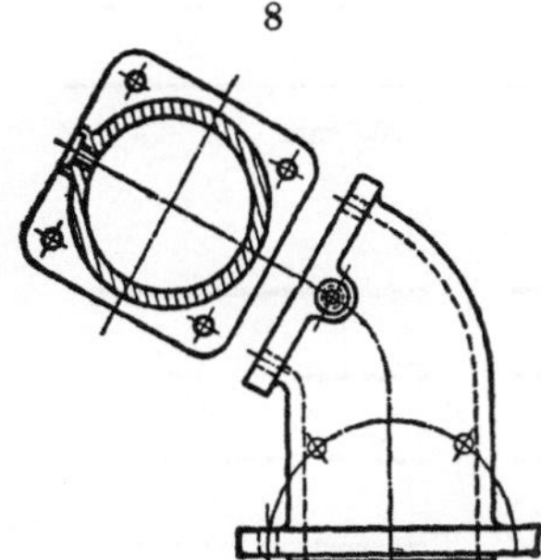

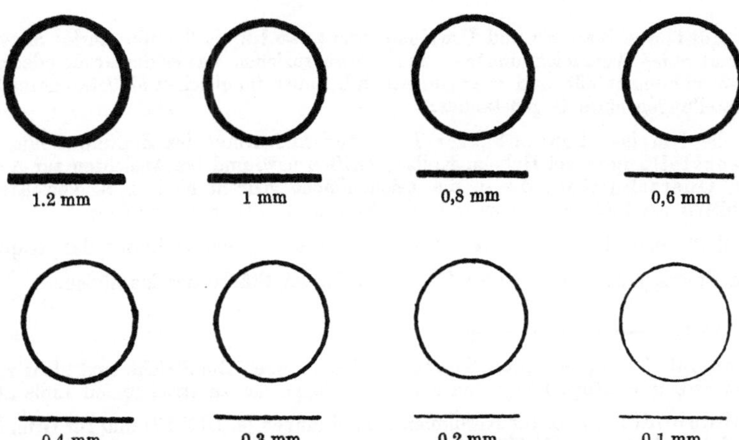

Um eine weitere Ansicht oder einen Schnitt zu sparen, können in die Darstellungen einfache zeichnerische Angaben aus einer zur Zeichenfläche senkrechten Ebene in feinen Linien eingetragen werden, z. B. Armquerschnitte (Bild 6), Lochkreise (Bild 8), Flanschformen usw.

Als Hauptansicht ist die Darstellung zu wählen, die beim Beschauen des Gegenstandes in wagerechter Richtung an Form und Abmessungen möglichst viel ausdrückt (Bild 6, Schnitt links), oder die eine vorteilhafte Lage der Draufsicht oder der Seitenansicht für die Ausnutzung des Zeichenraumes ergibt, wie dies für die linke Ansicht in Bild 7 zutrifft.

Es ist vorzuziehen, Gegenstände um schräglaufende Kanten umzulegen (Schnitt in Bild 8), wenn hierdurch ungünstige Verkürzungen der Darstellung vermieden werden.

November 1922. 1. Ausgabe (geändert).

DIN 15. Linien[1]).

Linienstärken.

1.2 mm   1 mm   0,8 mm   0,6 mm

0,4 mm   0,3 mm   0,2 mm   0,1 mm

[1]) Wiedergabe erfolgt mit Genehmigung des NDI. Verbindlich für die vorstehenden Angaben bleiben die Dinormen. Normblätter sind durch den Beuthverlag G. m. b. H., Berlin SW 19, Beuthstr. 8, zu beziehen.

DIN 15. Linien (Fortsetzung).

Liniengruppen.

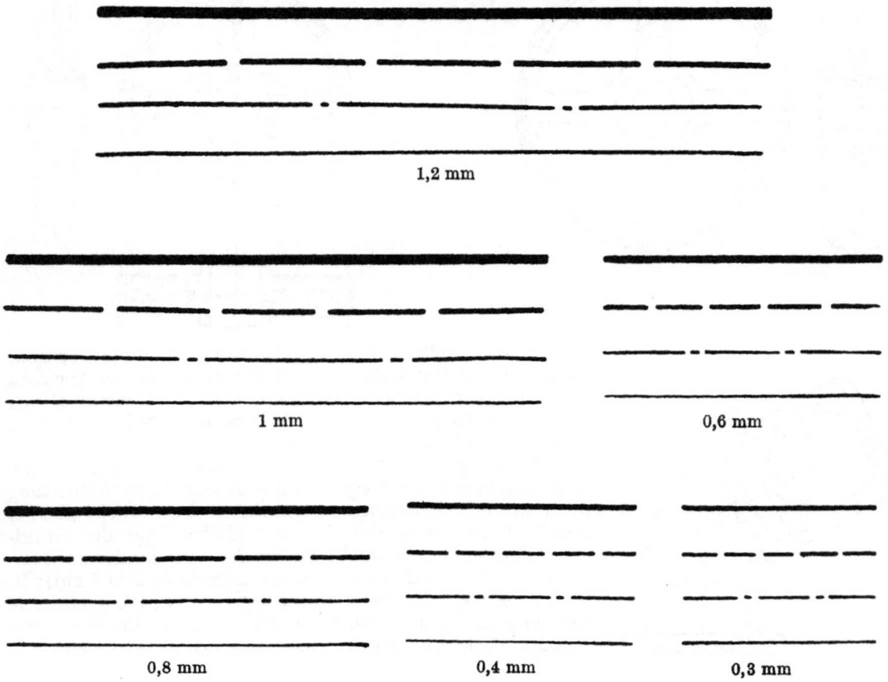

1,2 mm

1 mm   0,6 mm

0,8 mm   0,4 mm   0,3 mm

Anwendungsgebiete der Linienarten.

Vollinien:

1. für sichtbare Kanten und Umrisse, und zwar 1,2 bis 0,3 mm stark. Sie sind —
besonders bei Werkzeichnungen — so stark auszuziehen, wie es die Größe oder die Art
der Zeichnung zuläßt, und zwar einheitlich bei allen im gleichen Maßstab gezeichneten
Darstellungen eines Gegenstandes;

2. für die Umrisse benachbarter Teile zur Andeutung des Zusammenhanges, für
Grenzstellungen bei Hebeln, Kolben, Griffen usw. und bei Ansichten zur Angabe
von Querschnitten, die in die Zeichenfläche gedreht sind, z. B. von Armquer-
schnitten bei Rädern, und zwar in der Stärke der Strichpunktlinien;

3. als Maß- und Maßhilfslinien in der Stärke der untersten Linien der Gruppen;

4. zum Schraffieren von Schnittflächen in der Stärke der Maßlinien.

Strichlinien:

5. für unsichtbare (verdeckte) Kanten und Umrisse. Die Striche sind nicht zu kurz
zu ziehen, ihre Länge hängt von der Gesamtlänge der zu strichelnden Linie ab;

6. bei Sinnbildern, z. B. für Kernlinien bei Schrauben (s. DIN 27) und für Grundkreise
bei Zahnrädern (s. DIN 37).

DIN 15. Linien (Fortsetzung).

Strichpunktlinien: ———— · ————

  7. für Mittellinien, und zwar etwas stärker als die Maßlinien;

  8. für Sinnbilder, z. B. für Teilkreise bei Zahnrädern (s. DIN 37);

  9. für Bearbeitungszugaben, z. B. bei Schmiedestücken;

  10. für Teile, die vor dem dargestellten Gegenstand liegen;

  11. zur Angabe von Schnittebenen. Hierbei sind die Striche etwas stärker als die sichtbaren Kanten auszuziehen.
    Bei den unter 9, 10 und 11 aufgeführten Linien sind die Striche kürzer als bei den Mittellinien zu halten.

Freihandlinien: ·⌒⌒———————

  12. für Sprengfugen und für Bruchkanten bei Metallen, Isolierstoffen, Steinen u. a. m. als Linien mit schwachen Krümmungen in der Stärke der Strichlinien; ebenso für Bruchkanten bei Holz als Zickzacklinien in der Stärke der Mittellinien (s. DIN 36);·

  13. für Holzquerschnitte und für Holzoberflächen zur Kennzeichnung von Hirnholz und Langholz in der Stärke der Maßlinien.

Linienfarbe.

In den Stammzeichnungen sind Linien und Schrift in schwarzer Farbe auszuführen. Andere Farben sind nur dann zulässig, wenn die Zeichnungen mit einfarbigen Linien nicht klar und übersichtlich sind, z. B. Rohrpläne und Leitungspläne.

August 1921, 3. Ausgabe (geändert).

DIN 36. Bruchlinien, Schnittverlauf, Schnittflächen[1]).

Bruchlinien.

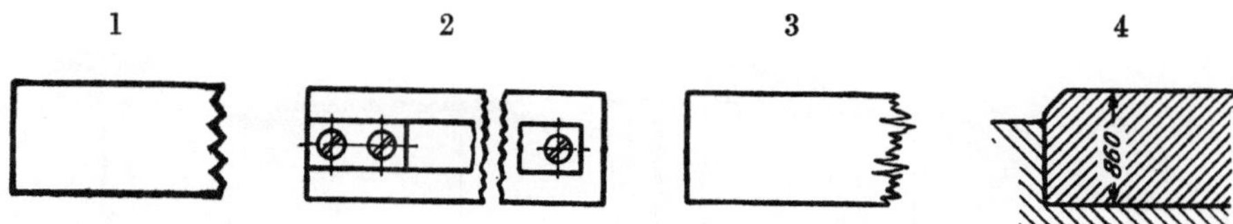

Für abgebrochen dargestellte Teile sind die Bruchlinien freihändig, nicht übertrieben unregelmäßig und dünner als die ausgezogenen Kantenlinien zu zeichnen (Bild 1 und 2). Für Holz ist eine dem Bruch entsprechende Zackenlinie zu zeichnen (Bild 3). Bei schraffierten Schnittflächen (Bild 4 und 12) ist eine besondere Bruchlinie nicht erforderlich.

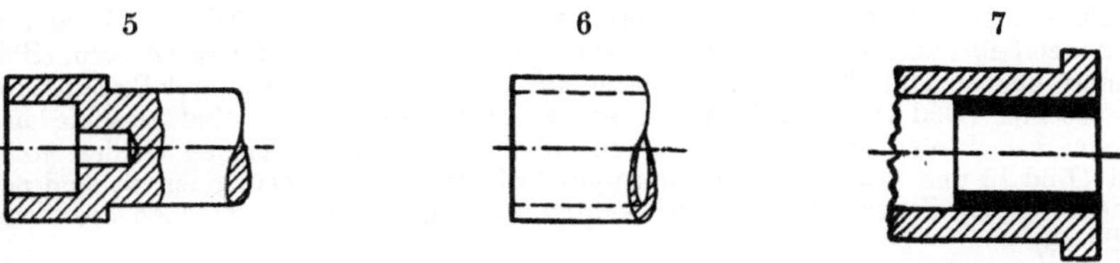

Der Bruch voller Rundkörper wird nach Bild 5, der Bruch hohler Rundkörper nach Bild 6 oder 7 dargestellt.

---

[1]) Wiedergabe erfolgt mit Genehmigung des NDI. Verbindlich für die vorstehenden Angaben bleiben die Dinormen. Normblätter sind durch den Beuthverlag G. m. b. H., Berlin SW 19, Beuthstr. 8, zu beziehen.

DIN 36. Bruchlinien, Schnittverlauf, Schnittflächen (Fortsetzung).

Schnittverlauf.

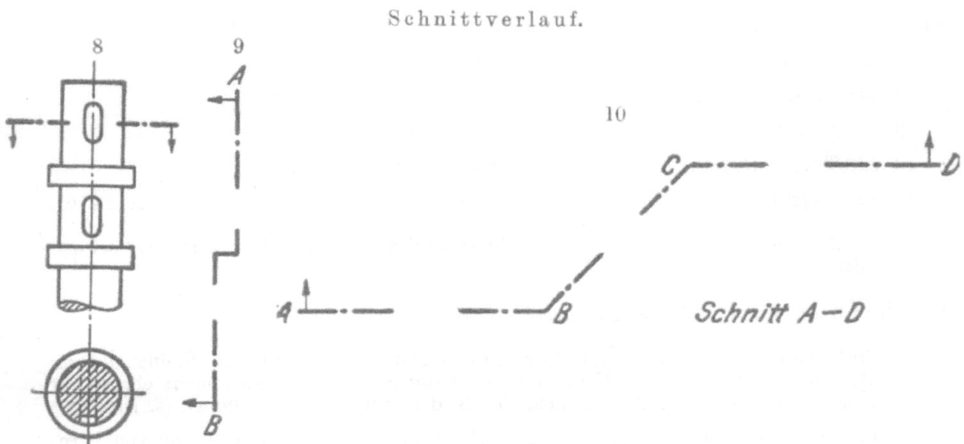

Ist der Verlauf eines Schnittes durch einen Körper nicht ohne weiteres ersichtlich, so soll er durch kurze kräftige Strichpunktlinien (Bild 8 und 9) angedeutet werden. An den Enden dieser Linien sind Pfeile in der auf den darzustellenden Schnitt gerichteten Sehrichtung anzubringen. Sind mehrere Schnitte für einen Körper erforderlich, oder ist der Verlauf des Schnittes nicht übersichtlich, so sind die einzelnen Schnitte oder der Schnittverlauf mit großen Buchstaben zu kennzeichnen (Bild 9 und 10).

Anordnung der Ansichten und Schnitte nach DIN 6.

Schnittflächen.

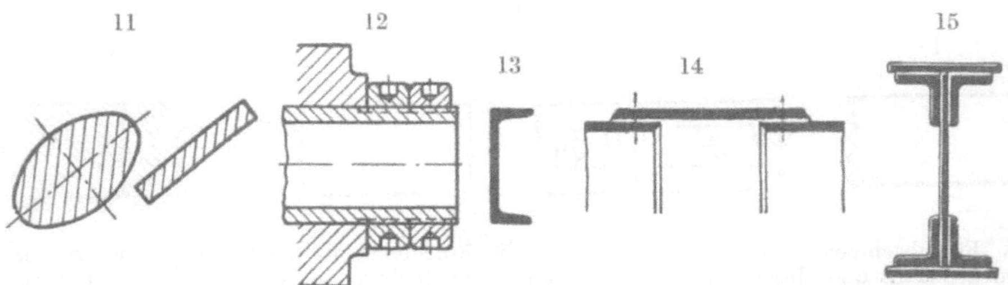

Die Schnittflächen sind ohne Rücksicht auf den Werkstoff mit feinen Linien möglichst unter 45° zur Achse oder Grundlinie zu schraffieren (Bild 11 und 12). Der Abstand der Schraffurlinien ist entsprechend der Größe der Schnittfläche zu wählen. Abstand und Richtung der Schraffurlinien müssen für getrennt liegende Teile derselben Schnittfläche unverändert bleiben (Bild 7 und 12). Die Schraffur ist bei Maßzahlen und Beschriftungen zu unterbrechen (Bild 4). Schnittflächen aneinanderstoßender Teile sind verschieden gerichtet oder verschieden weit zu schraffieren (Bild 12). Schmale Flächen werden voll geschwärzt (Bild 13 und 14). Stoßen mehrere geschwärzte Flächen aneinander, so sind neben der Andeutung der Fugen (Bild 14) Lichtkanten zulässig, die links und oben anzubringen sind (Bild 15).

Oktober 1922.

DIN 776. Passungen[2]).

Bezeichnung der Gütegrade und Sitze.

Gütegrad			Einheits-bohrung		Sitze	Einheitswelle	
Benennung	Kurz-zeichen	Kennfarbe der Lehre	Boh-rung	Wellen		Boh-rungen	Welle
Edel-passung	e	korn-blumen-blau [1])	eB	**Ruhesitze** F T H S **Bewegungssitz** G	**Ruhesitze** Edelfestsitz Edeltreibsitz Edelhaftsitz Edelschiebesitz **Bewegungssitz** Edelgleitsitz	eF eT eH eS eG	W
Fein-passung		schwarz	B	**Ruhesitze** P F T H S **Bewegungssitze** G EL L LL WL	**Ruhesitze** Preßsitz Festsitz Treibsitz Haftsitz Schiebesitz **Bewegungssitze** Gleitsitz Enger Laufsitz Laufsitz Leichter Laufsitz Weiter Laufsitz	P F T H S G EL L LL WL	W
Schlicht-passung	s	gelb	sB	**Bewegungssitze** sG sL sWL	**Bewegungssitze** Schlichtgleitsitz Schlichtlaufsitz Weiter Schlichtlaufsitz	sG sL sWL	sW
Grob-passung	g	hellgrün	gB	**Bewegungssitze** g1 g2 g3 g4	**Bewegungssitze** Grobsitz g1 Grobsitz g2 Grobsitz g3 Grobsitz g4	g1 g2 g3 g4	gW

[1]) Nur die Lehren für die Bohrungen sind kornblumenblau. Die Lehren für die Wellen sind die gleichen wie die der Feinpassung und daher schwarz.

Die Kennzeichen dienen:

zur Beschriftung der Grenzlehren (siehe DIN 249),

zur Angabe der Lehren auf den Zeichnungen (siehe DIN 406, Bl. 5).

Die Bohrungslehren im System Einheitsbohrung stimmen mit den Bohrungslehren für die Gleitsitze und Grobsitz g1 im System Einheitswelle überein und sind wie folgt gezeichnet: $eB = eG \quad B = G \quad sB = sG \quad gB = g1.$

Die Wellenlehren im System Einheitswelle stimmen mit den Wellenlehren für die Gleitsitze und Grobsitz g1 im System Einheitsbohrung überein und sind wie folgt gezeichnet: $W = G \quad sW = sG \quad gW = g1.$

März 1924, 2. (erweiterte) Ausgabe.

---

[2]) Wiedergabe erfolgt mit Genehmigung des NDI. Verbindlich für die vorstehenden Angaben bleiben die Dinormen. Normblätter sind durch den Beuthverlag G. m. b. H., Berlin SW 19, Beuthstr. 8, zu beziehen.

DIN 140, 1. Oberflächenzeichen[1].

Allgemeine Zeichen für die Beschaffenheit der Oberflächen von Werkstücken.

Oberflächenzeichen	Oberflächen-beschaffenheit	Ausführung	Anwendungsbeispiele
Ohne Zeichen	Rohbleibende Oberfläche Ohne Bearbeitungszugabe	Gußhaut, Walzhaut, geschmiedete, gezogene Flächen usw. Nicht bearbeitet	Freie Flächen an Maschinen- und Apparateteilen
Ungefährzeichen	Glatte Oberfläche möglichst ohne Nacharbeit Ohne Bearbeitungszugabe	Maßhaltig und sauber gegossen, geschmiedet, gepreßt; falls erforderlich durch Meißeln, Feilen, Schleifen nachgeglättet (gekratzt)	Auflageflächen bei Schraubenaugen, Verschlußklappen, Blechabdeckungen und Blechverkleidungen, Bedienungshebel, Kränze rohbleibender Handräder, Preß- und Stanzteile
Ein Dreieck	Schruppfläche, wie sie durch Schruppen oder Grobschlichten entstanden ist Mit Bearbeitungszugabe		Vorbearbeitete Teile, Sohlflächen von Lagern, Oberflächen von Grundplatten, Stirnflächen von Naben, Innenflächen von Kolbenringen, Schraubenschäfte, die nicht eingepaßt werden
Zwei Dreiecke	Schlichtfläche, wie sie durch Schlichten oder Feinschlichten entstanden ist Mit Bearbeitungszugabe	Gefeilt, gehobelt, gefräst, gedreht, gerieben, geschliffen	Flächen ohne Paßangabe, die ein sauberes Aussehen bei nur mittlerer Oberflächengüte erhalten sollen, z. B. freie Stellen und Stirnflächen bei blanken Wellen und Spindeln, Seitenflächen an blanken Kurbeln Flächen mit Paßangabe oder mit einem Zusatz für Sonderbearbeitung, die eine höhere Oberflächengüte aufweisen müssen, z. B. Zylinderbohrungen, Schieberspiegel, Paßteile, Meß- und Werkzeugflächen.

Sonderbearbeitungen (Einschleifen, Schaben usw.) oder Sonderbehandlungen (Härten, Lackieren usw.) siehe DIN 200.

Paßangaben siehe DIN 776.

Februar 1921.

Fortsetzung DIN 140, Blatt 2.

---

[1] Wiedergabe erfolgt mit Genehmigung des NDI. Verbindlich für die vorstehenden Angaben bleiben die Dinormen. Normblätter sind durch den Beuthverlag G. m. b. H., Berlin SW 19, Beuthstr. 8, zu beziehen.

DIN 200, 2. Bearbeitungs- und Behandlungsangaben, Beispiele[1]).

Bearbeitungs- und Behandlungsangaben in Verbindung mit Oberflächenzeichen und Bezugshaken.

Anordnung der Bezugshaken bei wagerechten, senkrechten oder geneigten Flächen.

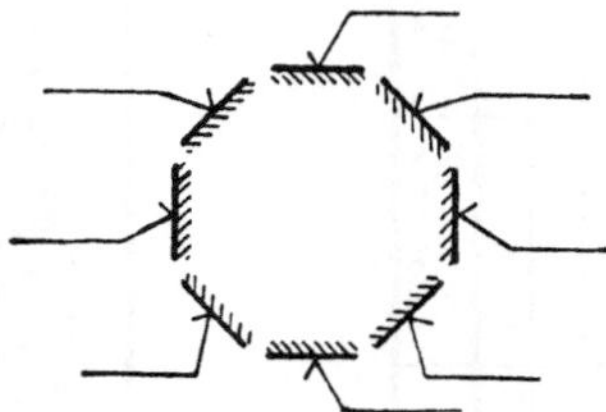

Die Wortangaben sind auf wagerechten Linien zu schreiben.

Die Bearbeitungszeichen sind sinngemäß mit Bezugstrichen zu versehen, wie untenstehende Ausführungsbeispiele es zeigen.

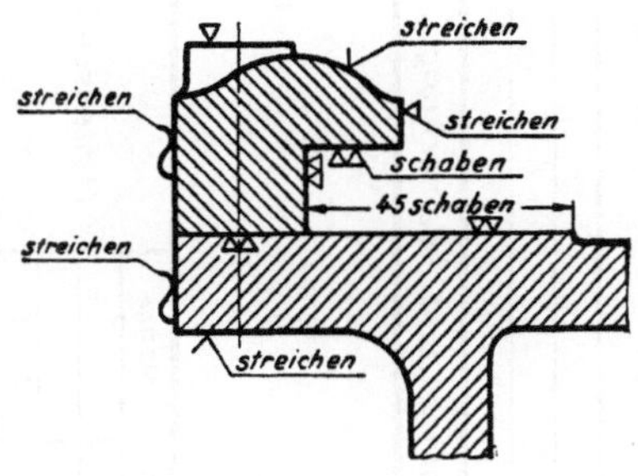

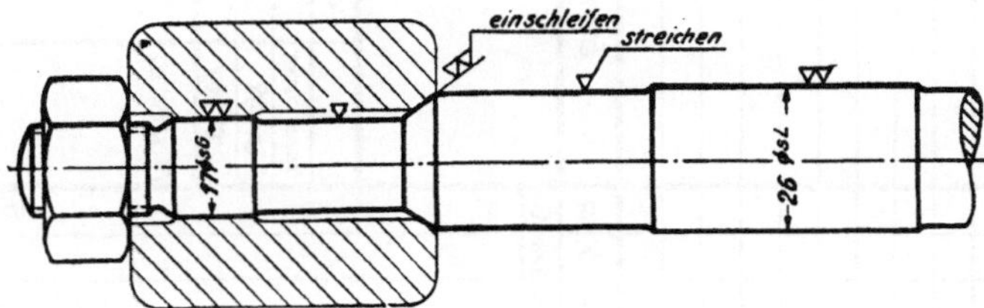

April 1924.

____

[1]) Wiedergabe erfolgt mit Genehmigung des NDI. Verbindlich für die vorstehenden Angaben bleiben die Dinormen. Normblätter sind durch den Beuthverlag G. m. b. H., Berlin SW 19, Beuthstr. 8, zu beziehen.

DIN 28, 2. Schriftfeld und Stückliste[1]).

Für große Zeichnungen.

Muster 1.

(Gewichts-Angaben)

(Bezeichnung f. Modelle u.dgl.)

Werkstoff u.Rohmaße

Zchng.Nr Lag.Nr

Teil

12 11 10 9 8 7 6 5 4 3 2 1

Benennung und Bemerkung

(Änderungen)

(Firma)

(Nummer)

Ersatz für

Ersetzt durch

(Aufschrift)

(Unterschriften)

Name

Datum

Gezeichnet

Geprüft

Normgepr.

Maßstab:

Bauart

c b a

Stückzahlen

1. November 1920. 3. Ausgabe.

[1]) Wiedergabe erfolgt mit Genehmigung des NDI. Verbindlich für die vorstehenden Angaben bleiben die Dinormen. Normblätter sind durch den Beuthverlag G. m. b. H., Berlin SW 19, Beuthstr. 8, zu beziehen.

DIN 3. Normaldurchmesser[2]).

mm

		*10,5	26	52	105			
0,5	*5,5	11	27	55	110	210	310	410
0,8		*11,5	28	58	115			
1	6	12	30	60	120	220	320	420
1,2		*12,5	32	62	125			
1,5	*6,5	13	33	65	130	230	330	430
1,8		*13,5	34	68	135			
2	7	14	35	70	140	240	340	440
2,2		*14,5	36	72	145			
2,5	*7,5	15	37[1])	75	150	250	350	450
2,8	8	16	38	78	155			
3		17	40	80	160	260	360	460
		18	42	82	165			
3,5	*8,5	19		85	170	270	370	470
		20	44	88	175			
4	9	21	45	90	180	280	380	480
		22	46	92	185			
4,5	*9,5	23	47[1])	95	190	290	390	490
		24	48	98	195			
5	10	25	50	100	200	300	400	500

* Für Feinmechanik
[1]) Für Kugellager

Die Normaldurchmesser dienen zur Beschränkung der Werkzeugsorten auf eine Mindestzahl; sie sind zu verwenden, wenn nicht besondere Gründe die Wahl anderer Durchmesser erfordern.

Sind bei Durchmessern über 100 mm Zwischenmaße unvermeidlich, so sollen sie wie bei den kleineren Durchmessern in den Abstufungen 2, 5 und 8 mm gewählt werden.

Normungszahlen siehe DIN 323.

Januar 1923, 3. (erweiterte) Ausgabe.

[2]) *Wiedergabe* erfolgt mit Genehmigung des NDI. Verbindlich für die vorstehenden Abgaben bleiben die Dinormen. Normblätter sind durch den Beuthverlag G. m. b. H., Berlin SW 19, Beuthstr. 8, zu beziehen.

DIN 27. Zeichnungen[1]).

Sinnbilder für Schrauben.

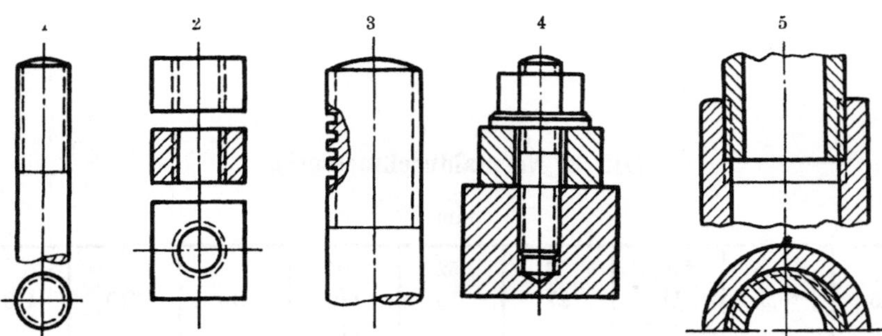

Die Bilder 1 und 2 sind Sinnbilder für das Bolzen- und Muttergewinde aller Gewinde-
arten. Muß die Gewindeform besonders dargestellt werden, so kann dies nach Bild 3 geschehen oder es ist ein Teilschnitt des Gewindes vergrößert daneben zu zeichnen. Bild 4 gilt
für den Bolzen im Muttergewinde bei Schnittdarstellungen; der Bohrerkegel ist mit dem
30°-Winkel von den Kernlochlinien ausgehend zu ziehen. Nach Bild 5 ist das im Schnitt
dargestellte Rohr (Bolzen) in der geschnittenen Muffe (Mutter) so zu zeichnen, als ob es
allein vorhanden wäre; das Muttergewinde erscheint nur, wenn es durch den Bolzen nicht
verdeckt wird.

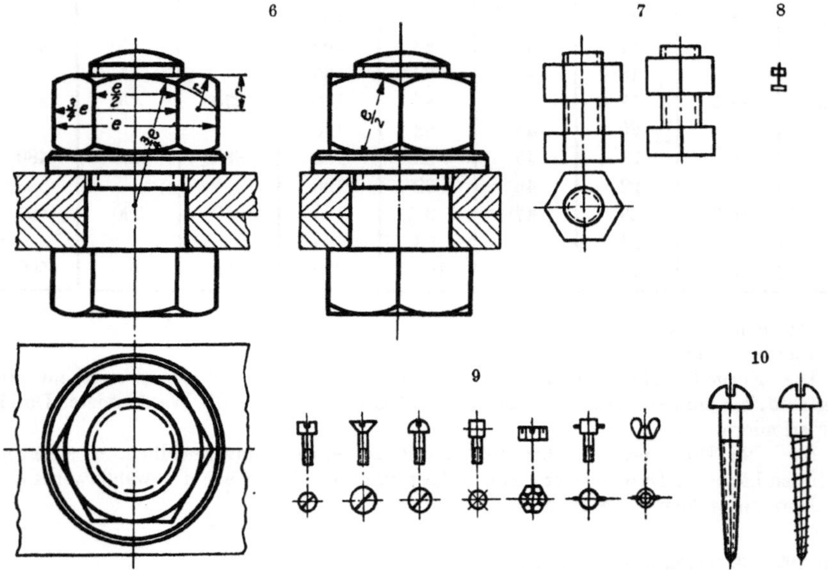

Bei Muttern und Schraubenköpfen sind die Fasenkanten als Kreisbögen zu zeichnen.
Bild 6 gibt eine Regel für die Halbmesser. Der Halbmesser r kann an der senkrechten Außen-
kante der Mutter abgenommen werden, wenn die große Fasenlinie mit dieser Kante zum
Schnitt gebracht wird. Das Maß e ist dem Normblatt für Muttern zu entnehmen, die
Muttern und Schraubenköpfe sind im übrigen maßstäblich zu zeichnen. Die vereinfachte
Darstellung der Schrauben nach Bild 7 und 8 ist möglichst vorzuziehen. Bild 9 zeigt Sinn-
bilder für sehr kleine Schrauben und Muttern; die Schraube in der Mitte stellt eine Kreuz-
lochschraube dar. Sinnbilder für Holzschrauben, von denen das linke im allgemeinen den
Vorzug verdient, bietet Bild 10. Die Schräge der Gewindelinien im rechten Bild soll der
Steigung in der Mitte der Gewindelänge entsprechen.

---

[1]) Wiedergabe erfolgt mit Genehmigung des NDI. Verbindlich für die vorstehenden Angaben bleiben die
Dinormen. Normblätter sind durch den Beuthverlag G. m. b. H., Berlin SW 19, Beuthstr. 8, zu beziehen.

DIN 139. Sinnbilder für Niete und Schrauben bei Eisenkonstruktionen[1]).

Niete.
Sinnbilder für Nietdurchmesser.

Durchmesser des fertig geschlagenen Nietes mm	11	14	17	20	23	26	29	32	35	38	41	44
Sinnbild												

An Stelle dieser Sinnbilder kann auch für Niete unter 29 mm Durchmesser mit Ausnahme der Niete von 11 mm und kleineren Durchmessern die Bezeichnung durch einen Kreis mit Maßangabe treten.

Bezeichnung	11	14	17	20	23	26

In Stücklisten und bei Bestellungen ist der Rohnietdurchmesser anzugeben (siehe DIN 123, 124, 302, 303 Blatt 1).

In Konstruktionszeichnungen bis zum Maßstab 1:5 genügt für die Sinnbilder die Größe des Schaftdurchmessers; bei kleineren Maßstäben ist der Deutlichkeit halber die Größe des Kopfdurchmessers zu wählen.

Für geschlagene Niete unter 11 mm wird für Kennzeichnung ebenfalls das $+$ Zeichen wie für den 11 mm Niet verwendet, und das Maß des geschlagenen Nietdurchmessers beigefügt, z. B. für den 9,5 mm geschlagenen Niet: $+^{9,5}$.

Senkniete werden durch zusätzliche Sinnbilder nach folgender Tabelle gekennzeichnet:

Senkniete.

Zusatz-Sinnbild	Senkniete DIN 302			Linsensenkniete DIN 303			auf Montage zu schlagendes Niet	auf Montage zu bohrendes Nietloch
	Oberer Kopf	Unterer Kopf	Beiderseits	Oberer Kopf	Unterer Kopf	Beiderseits		
Beispiel für 23 mm geschlagenen Niet								

Schrauben.
Sinnbilder für Schraubendurchmesser.

Durchmesser	5/16″ 8 mm	3/8″ 10 mm	1/2″	5/8″	3/4″	7/8″	1″	1 1/8″	1 1/4″	1 3/8″	1 1/2″	1 5/8″	1 3/4″
Sinnbild für Schraube													
mit Durchgangsloch													
für alle übrigen Durchgangslöcher Maßangabe	8,4	10,5	13	17	20	23	27	30	33	36	40	44	47
Sinnbild für Gewindeloch													

24. März 1927.

¹) Wiedergabe erfolgt mit Genehmigung des NDI. Verbindlich für die vorstehenden Angaben bleiben die Dinormen. Änderungen vorbehalten. Normblätter sind durch den Beuthverlag G. m. b. H., Berlin SW 19, Beuthstr. 8, zu beziehen.

DIN 37. Sinnbilder für Zahnräder[1]).

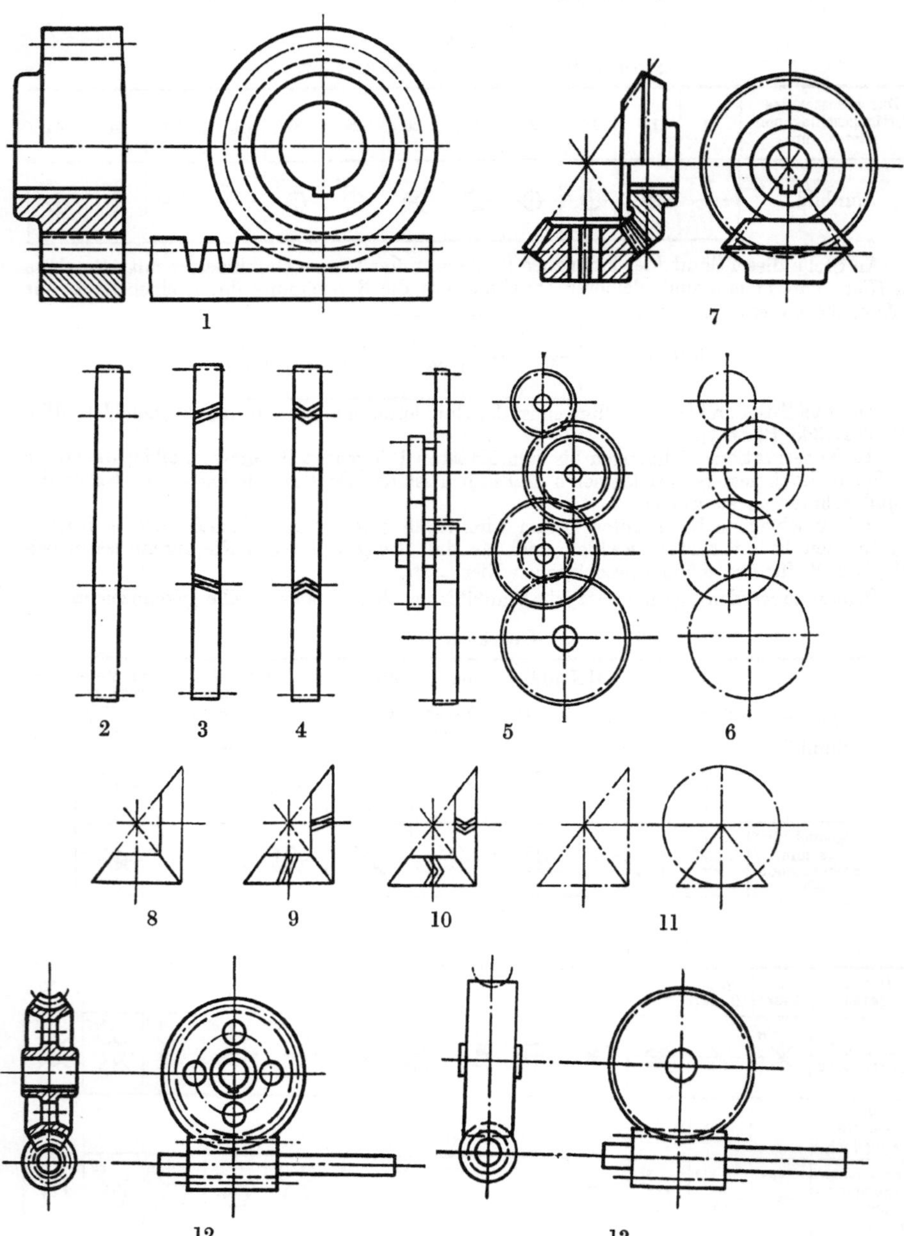

Bild 1 zeigt das ausführlichste Sinnbild eines Stirnrades mit Zahnstange. Stirnräder mit geraden, mit schrägen und mit Winkelzähnen werden nach Bild 2—4 gekennzeichnet. Das am weitesten gekürzte Sinnbild ist durch Bild 6 gegeben. Ist es wichtig, die Kopfkreise mitzuzeichnen, so sind die Stirnräder nach Bild 5 darzustellen.

[1]) Wiedergabe erfolgt mit Genehmigung des NDI. Verbindlich für die vorstehenden Angaben bleiben die Dinormen. Normblätter sind durch den Beuthverlag G. m. b. H., Berlin SW 19, Beuthstr. 8, zu beziehen.

DIN 37. Sinnbilder für Zahnräder (Fortsetzung).

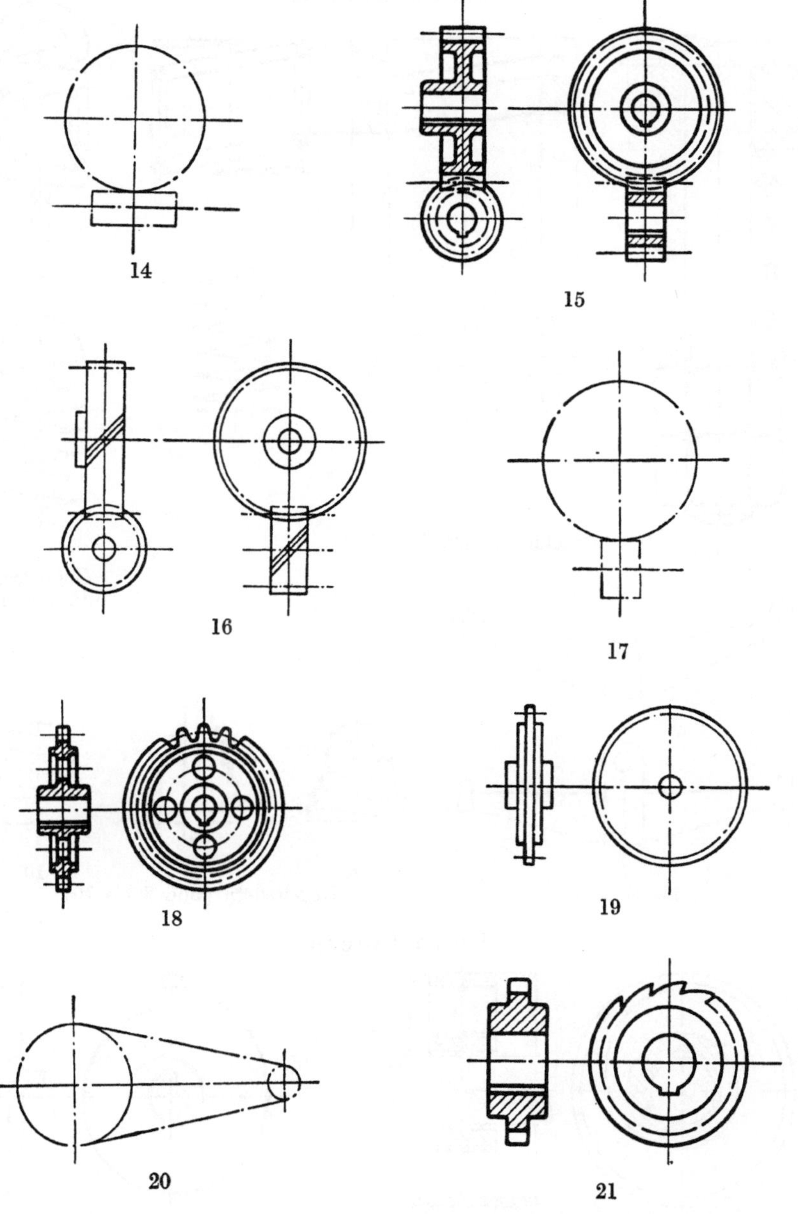

Die Bilder 7—11 gelten sinngemäß für Kegelräder, die Bilder 12—14 für Schneckenräder und die Bilder 15—17 für Schraubenräder.

Für Kettenräder gelten ähnliche Sinnbilder, Bild 18—20, ebenso für Sperr- und Schalträder, Bild 21, nur daß einige Ketten- oder Sperrzähne angedeutet werden müssen.

Februar 1921.

DIN 29. Sinnbilder für Schrauben-, Kegel-, Blatt- und Spiralfedern[1]).

Schraubenfedern.

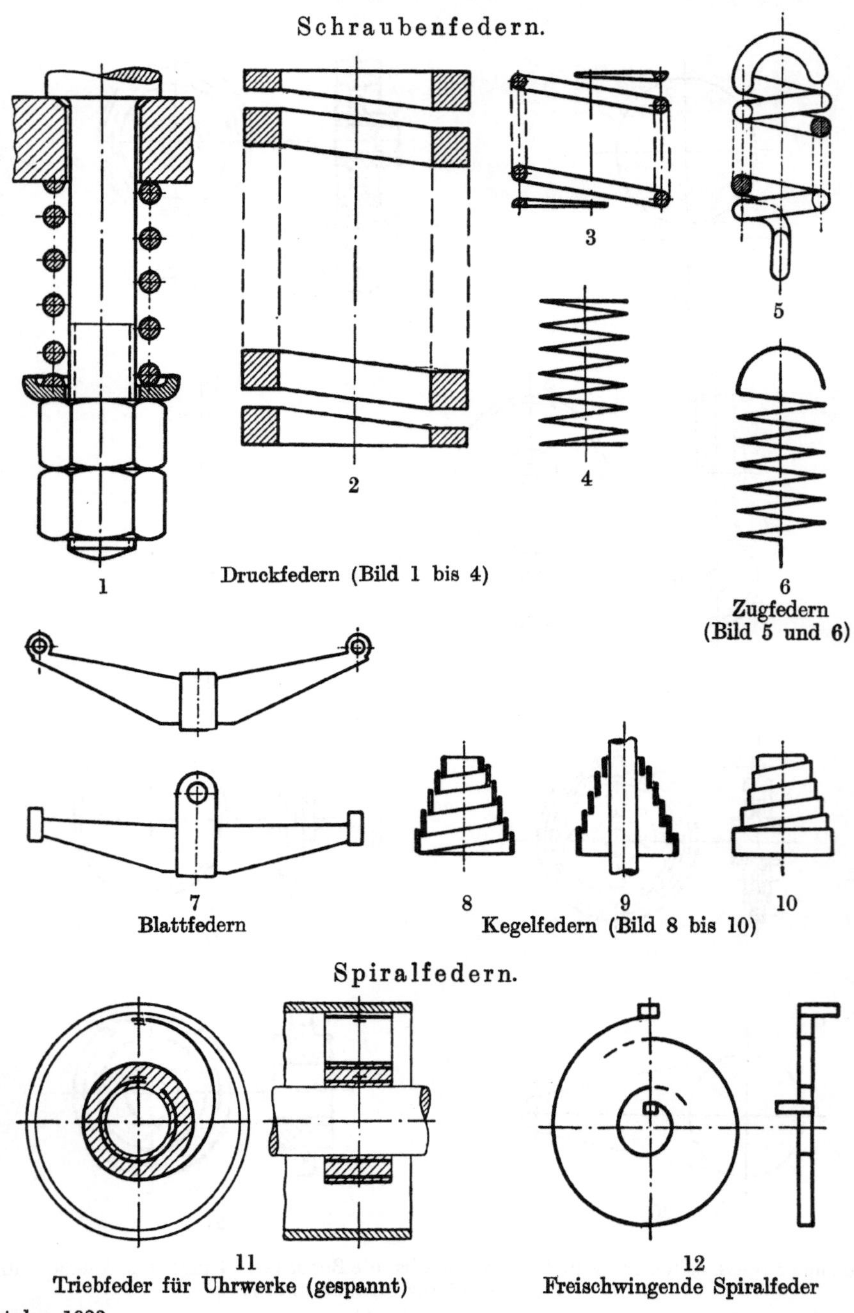

Druckfedern (Bild 1 bis 4)

1   2   3   4

5

6

Zugfedern
(Bild 5 und 6)

7

Blattfedern

8   9   10

Kegelfedern (Bild 8 bis 10)

Spiralfedern.

11
Triebfeder für Uhrwerke (gespannt)

12
Freischwingende Spiralfeder

Oktober 1923.

---

[1]) Wiedergabe erfolgt mit Genehmigung des NDI. Verbindlich für die vorstehenden Angaben bleiben die Dinormen. Normblätter sind durch den Beuthverlag G. m. b. H., Berlin SW 19, Beuthstr. 8, zu beziehen.

Additional material from *Für den Konstruktionstisch,*
ISBN 978-3-662-40528-4, is available at http://extras.springer.com

Maschinenbau und graphische Darstellung

Einführung in die Graphostatik und Diagrammentwicklung

Von

Dipl.-Ing. **W. Leuckert** und Dipl.-Ing. **H. W. Hiller**

Berlin   Berlin

Zweite, verbesserte und vermehrte Auflage

Mit 72 Textabbildungen und 2 Tafeln

VI, 90 Seiten. 1922. RM 1.80

Keil, Schraube, Niet

Einführung in die Maschinenelemente

Von

Dipl.-Ing. **W. Leuckert** und Dipl.-Ing. **H. W. Hiller**

Berlin   Berlin

Dritte, verbesserte und vermehrte Auflage

Mit 108 Textabbildungen und 29 Tabellen

V, 113 Seiten. 1925. RM 4.50

Der praktische Maschinenzeichner. Leitfaden für die Ausführung moderner maschinentechnischer Zeichnungen. Von Betriebsingenieur **W. Apel** und Konstruktionsingenieur **A. Fröhlich.** Zweite, verbesserte Auflage. Mit 117 Abbildungen im Text und 18 Normenblättern. IV, 51 Seiten. 1927. RM 2.25

A. zur Megede, Wie fertigt man technische Zeichnungen? Leitfaden zur Herstellung technischer Zeichnungen für Schule und Praxis, mit besonderer Berücksichtigung des Bauzeichnens, des Maschinenzeichnens und des topographischen Zeichnens. Achte Auflage. Neu bearbeitet und erweitert von Regierungsbaumeister **M. Weßlau.** Mit 5 Abbildungen im Text und 4 lithographischen Tafeln. VI, 110 Seiten. 1926. Gebunden RM 4.80

Das Maschinen-Zeichnen. Begründung und Veranschaulichung der sachlich notwendigen zeichnerischen Darstellungen und ihres Zusammenhanges mit der praktischen Ausführung. Von Professor **A. Riedler** in Berlin. Zweite, neubearbeitete Auflage. Mit 436 Textfiguren. VIII, 234 Seiten. 1913. Zweiter, unveränderter Neudruck. 1923. Gebunden RM 9.—

Leitfaden für das Maschinenzeichnen. Von Dipl.-Ing. Studienrat **K. Sauer.** Zweite, verbesserte Auflage. Mit 159 Textabbildungen. IV, 64 Seiten. 1923. RM 1.50

Das Maschinenzeichnen des Konstrukteurs. Von Dipl.-Ing. **C. Volk,** Direktor der Beuth-Schule und Privatdozent an der Technischen Hochschule zu Berlin. Zweite, verbesserte Auflage. Mit 240 Abbildungen. IV, 78 Seiten. 1926. RM 3.—

Das Skizzieren von Maschinenteilen in Perspektive. Von Dipl.-Ing. **C. Volk,** Direktor der Beuth-Schule und Privatdozent an der Technischen Hochschule zu Berlin. Vierte, erweiterte Auflage. Mit 72 in den Text gedruckten Skizzen. 44 Seiten. 1919. Unveränderter Neudruck. 1923. RM 1.—

Freies Skizzieren ohne und nach Modell für Maschinenbauer. Ein Lehr- und Aufgabenbuch für den Unterricht. Von Oberlehrer **Karl Keiser** in Leipzig. Dritte, erweiterte Auflage. Mit 22 Einzelfiguren und 24 Figurengruppen. IV, 72 Seiten. 1921. RM 2.—

Verwendung normalisierter Maschinenteile im Fachzeichnen der Maschinenbaulehrlinge. Von **Otto Stolzenberg** in Charlottenburg. (Sonderabdruck aus „Werkstattstechnik" 1920, Heft 7—11.) 17 Seiten. 1920. RM 1.90

Einzelkonstruktionen aus dem Maschinenbau. Herausgegeben von Dipl.-Ing. **C. Volk,** Direktor der Beuth-Schule, Privatdozent an der Technischen Hochschule zu Berlin.

Erstes Heft: **Die Zylinder ortsfester Dampfmaschinen.** Von Oberingenieur H. Frey, Berlin-Waidmannslust. Zweite, vermehrte und verbesserte Auflage. Mit etwa 115 Textfiguren. Erscheint Mitte April 1927

Zweites Heft: **Kolben.** I. Dampfmaschinen- und Gebläsekolben. Von Dipl.-Ing. C. Volk, Direktor der Beuth-Schule, Privatdozent an der Technischen Hochschule zu Berlin. II. Gasmaschinen- und Pumpenkolben. Von A. Eckardt, Deutz. Zweite, verbesserte Auflage, bearbeitet von C. Volk. Mit 252 Textabbildungen. V, 77 Seiten. 1923. RM 3.60

Drittes Heft: **Zahnräder.** I. Teil: Stirn- und Kegelräder mit geraden Zähnen. Von Professor Dr. A. Schiebel, Prag. Zweite, vermehrte Auflage. Mit 132 Textfiguren. VI, 108 Seiten. 1922. RM 5.50

Viertes Heft: **Die Wälzlager, Kugel- und Rollenlager.** Unter Mitwirkung des Herausgebers bearbeitet von Ingenieur Hans Behr, Berlin (Berechnung, Konstruktion und Herstellung der Wälzlager) und Oberingenieur Max Gohlke, Schweinfurt (Verwendung der Wälzlager). Zugleich zweite Auflage des von W. Ahrens, Winterthur, verfaßten Buches „Die Kugellager und ihre Verwendung im Maschinenbau". Mit 250 Textabbildungen. V, 126 Seiten. 1925. RM 7.20

Fünftes Heft: **Zahnräder.** II. Teil: Räder mit schrägen Zähnen (Räder mit Schraubenzähnen und Schneckengetriebe). Von Professor Dr. A. Schiebel, Prag. Zweite, vermehrte Auflage. Mit 137 Textfiguren. VI, 128 Seiten. 1923. RM 5.50

Sechstes Heft: **Schubstangen und Kreuzköpfe.** Von Oberingenieur H. Frey, Waidmannslust bei Berlin. Mit 117 Textfiguren. IV, 32 Seiten. 1913. RM 2.—

Weitere Hefte befinden sich in Vorbereitung.